Otros Mundos

«Hay otros mundos, pero están en éste»

ELUARD

Pierre Duval

LA CIENCIA ANTE LO EXTRAÑO

Prólogo de REMY CHAUVIN

PLAZA & JANES, S.A.
Editores

Título original:
LA SCIENCE DEVANT L'ETRANGE

Traducción de
ALVARO CASTILLO

Primera edición: Setiembre, 1975
Segunda edición: Diciembre, 1976

Virgen de Guadalupe, 21-33. Esplugas de Llobregat (Barcelona)

Este libro se ha publicado originalmente en francés con el título de
LA SCIENCE DEVANT L'ETRANGE

Printed in Spain — Impreso en España

ISBN: 84-01-31073-3 — Depósito Legal: B. 47.545 - 1976

GRAFICAS GUADA, S. A. - Virgen de Guadalupe, 33 - Esplugas de Llobregat (Barcelona)

ÍNDICE

PRÓLOGO 11

LO EXTRAÑO EN ARQUEOLOGÍA

UN PASADO QUE PARECE SURGIR DEL FUTURO 23
La búsqueda obstinada del profesor Hapgood, 25. — Historia de Piri Reis, 26. — El trabajo de Hapgood, 28. — El desciframiento del mapa de Piri Reis, 31. — La proyección de Mercator, 35. — Los resultados. ¿Un pasado fabuloso?, 36. — El mapa de Oronteus Finaeus, 39. — El mapa de Hadji Ahmed, 42. — El enigma del portulano de Dulcert, 43. — El mapa de Canerio, 43. — Los viejos mapas de Extremo Oriente, 45. — Los mapas del Norte de Europa, 47. — Conclusión en forma de hipótesis, 48.

ANEXOS: TABLAS GEOGRÁFICAS DE LAS CORRESPONDENCIAS . . 51

LA MÁQUINA DE ANTIKYTHERA 55
Las inscripciones, 57. — La mecánica, 57. — El objeto de Antikythera y la evolución de los relojes, 59. — Conclusión, 60.

STONEHENGE 63
Los problemas técnicos, 64. — El plan de Stonehenge, 65. — Una controversia apasionante, 67. — Las teorías de Hawkins, 68. — Hoyle y Stonehenge, 70. — Quién tiene razón, ¿Hawkins o Hoyle?, 74. — Las críticas de Atkinson, 75. — ¿Es Stonehenge un caso aislado?, 78.

ANEXOS: LOS CÁLCULOS DE HAWKINS SOBRE STONEHENGE . . 80

LOS CÁLCULOS DE HOYLE SOBRE STONEHENGE 82

LO EXTRAÑO EN LAS CIENCIAS DE LA VIDA

Lo raro en Biología 85

El meteorito de Orgueil, 85. — Las materias orgánicas de los meteoritos, 87. — Regreso a las observaciones de Claus y Nagy, 90. — El origen de las condritas carbonosas, 92. — Nuestras plantas y la Tierra, 95. — ¿Es inevitable la muerte?, 98. — El homo pongoides de Heuvelmans, 100. — Las historias de «hombres salvajes», 104. — Lo raro en la evolución del hombre, 105. — El monstruo de Loch Ness, 107.

La Parapsicología, algunos puntos de referencia . . . 111

El balance del pasado, 111. — La hipnosis, 112. — Las mesas giratorias, 113. — La psicometría, 115. — Los efectos psíquicos, 116. — Los «poltergeist» de antaño y de ahora, 118. — El caso de Rosenheim, 119. — El problema filosófico, 123.

¿Dónde está hoy la Parapsicología? 127

Los trabajos de Rhine, 127. — Algunos otros descubrimientos, 129. — Los trabajos de Schmidt, 133. — Los generadores aleatorios, 135. — «Psi» y la materia viva, 137. — «Psi» y los vegetales, 138. — En busca del buen generador aleatorio, 139. — La precognición entre los animales, 140. — El problema de la aplicación, 143.

CUANDO LO EXTRAÑO VIENE DEL CIELO

El caso Gauquelin 147

Estadística y astrología, 147. — La hora del nacimiento de las celebridades, 149. — El nacimiento humano y los planetas, 150. — ¿Existen hipótesis explicativas?, 152. — Los planetas y el Sol, 152. — ¿Y la influencia de la Luna?, 157. — De cara a la astrología tradicional, 158. — La acogida de la «Ciencia», 160. — Historia del Comité belga, 162. — ¿Es Gauquelin un astrólogo?, 163.

Anexos: Tres hombres de ciencia apoyan a Gauquelin . . 166

VELIKOVSKY O EL PELIGRO DE TENER RAZÓN 173
Las catástrofes terrestres, 173. — ¿Quién era Velikovsky?, 175. — Las rarezas del planeta Venus, 179. — ¿Es nuevo el catastrofismo?, 181. — La acogida de las teorías de Velikovsky, 185. — Los argumentos de la oposición, 189. Epílogo, 190.

ANEXOS: LAS HUELLAS DE LAS CATÁSTROFES RELATIVAMENTE RECIENTES. LA HISTORIA DE LOS MAMUTS 191

LOS OVNIS, LOS UFOS Y OTROS PLATILLOS VOLANTES . . . 197
¿Quién ve platillos volantes?, 197. — Un estudio estadístico de los OVNIS, 199. — El informe Condon, 202. — La refutación de la refutación, 203. — El antiinforme Condon, 208. — La actitud de la Air Force, 208. — El objeto de Ubatuba, 210. — La ortotenia, 213. — Los cortes de corriente y los OVNIS, 216. — La historia de Santa Ana, 217. — Conclusión, 225.

ANEXOS: EL MEMORÁNDUM DE LOW 226

DOS HISTORIAS EXTRAÑAS

BOSCOVICH, SABIO Y VISIONARIO 235
El personaje, 236. — En las obras de Boscovich, 237. — ¿La intuición de la relatividad, 239. — El determinismo antes de los deterministas, 240. — Los signos dactilográficos, antes de Borel, 240. — ¿Cómo veía Boscovich el mundo?, 241. — La teoría de Boscovich, 244. — La máquina de Orffyreus, 245. — Descripción de la máquina, 246. — El carácter de Orffyreus, 249. — ¿Qué había dentro de la máquina?, 249. — ¿Qué era lo que la hacía girar?, 250. — Pero, ¿qué decía Orffyreus de su máquina?, 250. — Tentativa de conclusión, 252.

BIBLIOGRAFÍA: ALGUNOS LIBROS SOBRE LOS PRINCIPALES TEMAS 255

PROLOGO

Cuando mi amigo Pierre Duval me pidió por segunda vez que le escribiera un prólogo, acepté con placer. En principio porque su manuscrito sobre *La ciencia ante lo extraño* me interesó y aun me apasionó en más de un sentido. También, y sobre todo, porque creo que aparece en el momento apropiado.

Lo fantástico conoce actualmente una popularidad extraordinaria. Todos los editores se sienten obligados a tener su propia colección consagrada a todas las ramas de lo raro, de lo extraño y de lo fantástico. Y estas colecciones tienen un notorio carácter en común: su espantosa mediocridad, que se hace aún más evidente dado que se copian los unos a los otros. No existen más que extraterrestres más o menos dudosos, revelaciones extraordinarias que se nos prometen sin que jamás nos sean reveladas, invocaciones a todo propósito y fuera de todo propósito a la parapsicología. Muy pronto, en resumidas cuentas, el encéfalo del público se encuentra sometido a un lavaje de los más enérgicos con un líquido de propiedad dudosa.

Es lamentable. Todo esto me atormenta un poco; más que nada porque la juventud constituye una clientela asidua para todas las ramas de lo fantástico, lo que viene a querer decir que hay algo que les falta a los jóvenes en nuestra civilización. Pero, ¿qué hacer?

A mi juicio, hay dos actitudes posibles: la primera es luchar a ciegas, como la Unión racionalista, pretendiendo que todo es falso, que no hay nada de nada en todo eso y que es necesario ceñirse en todo y para todo a la Ciencia (aunque es de la Ciencia del siglo XIX de lo que se trata). Ésa es una actitud ineficaz, pues esas negaciones furiosas, ese rechazo a ver a veces lo evidente es lo que hace perder a sus autores toda credibilidad. Todo el mundo sabe que están «obligatoriamente en contra» y sólo los escuchan aquellos que ya están convencidos de antemano. No se puede curar la locura con un tratamiento de fanatismo.

La segunda actitud posible es la de Pierre Duval. Yo la encuentro más razonable. ¿No vale más la pena, en efecto, educar e instruir al público en vez de contradecirlo de una manera tan radical que se convierte a sí misma en completamente inoperante? ¿Por qué no intentar un estudio objetivo de los fenómenos verdaderos o supuestos, tratar de extraer lo verdadero de lo falso y hacer razonar a la gente a partir de entonces, después de un estudio previo y no antes?

Tomemos el ejemplo de las vitaminas. Después de la guerra de 1940 y durante los años difíciles que siguieron a la Liberación, muchas personas estaban o se imaginaban estar faltas de vitaminas cuando en realidad lo estaban mucho más de prótidos, glúcidos y lípidos, ya que en el régimen alimenticio promedio de un occidental las vitaminas no escasean casi en absoluto. Pero todo estriba siempre en que las gentes crean algo para que unos astutos charlatanes puedan sacar provecho de ello. He tenido en mis manos un preparado farmacéutico que contenía, en el frasco entero, una dosis de vitaminas diversas que correspondía, poco más o menos, a la cantidad que un occidental absorbe en un día mediante su alimentación. ¡Y se recomendaba no tomar más que una cucharadita de café después de la comida! Todos esos abusos no impiden que las vitaminas sean unas sustancias fisiológicamente interesantes y, por lo tanto, los fisiólogos no se sonrojan en absoluto al estudiarlas. ¿Qué diría usted si unos cuantos racionalistas hubieran tomado partido ruidosamente contra las medicinas con el pretexto de que hablar de ellas es malsano, pues se engaña al público y se le conduce, de esta forma, por caminos contrarios a la Ciencia? De todos modos, es justamente eso lo que hacen, no a propósito de las vitaminas —¡no son locos hasta ese punto, sin duda!—, sino a propósito de otros miles de asuntos también muy importantes.

¡Ah, esos valerosos racionalistas! Llevo un peso en el corazón por causa de ellos y, por todos los diablos, es preciso que me libere. Tanto mejor si mi amigo Duval me brinda la ocasión.

Los conozco bien. Incluso he tomado la palabra en su propia guarida y ellos no me han devorado. Porque no son malvados. Son incluso una gente profundamente honesta. Pero yo siempre he sido enemigo del fanatismo, de la santurronería y de la superstición y esos tres males ellos los poseen en grado sumo. Y yo os juro que ellos prostituyen a la diosa Razón en curiosas circunstancias, y muy a menudo.

Hace falta saber que ellos han fraguado una especie de religión extremadamente tiránica y que se han adjudicado a sí mismos la misión de proteger al público contra el Mal, de guiarlo por el camino del Bien y empleando la fuerza si es necesario. Sí, pero ¿qué es el Mal? Para ellos, el mal reside en toda una serie de problemas prohibidos cuya lista se alarga todos los días.

Dejemos de lado el problema de Dios. Se muestran de acuerdo, desde hace más o menos dos siglos, en que no existe. Nosotros nos sentimos aliviados. Pero todavía quedan bastantes hierbas malas en el campo del padre de familia racionalista. Por ejemplo, los planetas. No hace falta hablar de los planetas; el que habla de planetas se hace sospechoso de ser astrólogo, sobre todo si insinúa que los planetas pueden tener una influencia de cualquier clase sobre una cosa cualquiera. Pero me dirán ustedes ¿y la Luna y las mareas? Sin duda, un racionalista admitirá, de bastante mala gana, que la Luna quizá no es del todo inútil para explicar las mareas. Pero deteneos ahí. Sería malvado de vuestra parte inquirir si, de la misma forma que agita el mar, la Luna no podría agitar también las patas de una mosca (Brown ha creído distinguir una cierta influencia de las fases de la Luna en el comportamiento de diversos insectos), pero esto constituye una influencia de los astros sobre el plan biológico y, por lo tanto, de la astrología. De ningún modo quiero hacerme el gracioso; yo que soy del oficio, les juro que si un joven se propone hacer una tesis sobre la influencia de la Luna en los vegetales y en los animales, tendrá a todo el mundo contra él y el trabajo tendría que ser endiabladamente bueno para que se lo admitieran y aun en este caso no estoy seguro de que la tesis fuera aceptada.

Por lo tanto, las influencias planetarias deben ser excluidas. Queda el Sol. No es un planeta, pero de todos modos, tiene un pasado cargado de prestigio astrológico. No está desprovisto de toda influencia sobre la Tierra; es demasiado evidente, no se puede negar. Pero, si me permiten, nada de búsquedas malsanas sobre la influencia del Sol en la biología. ¿Las manchas solares y sus variaciones? Sí, tal vez, a fin de cuentas ya está admitido que las manchas «le hacen alguna cosa» a la Tierra. Pero los trabajos en ese sentido no son más que moderadamente recomendados. Habiendo como hay tantas cosas hermosas que se pueden hacer, dicen los racionalistas, ¿por qué excitarse precisamente sobre ese asunto? ¿No tendría usted, por casualidad, algunas tendencias místicas contenidas y, para decirlo todo, astrológicas emboscadas en el subconsciente?

Aparte de la influencia de los planetas, también es posible hacer saltar otra liebre, horrible, en cuanto a la posible existencia de vida en otros lugares ajenos a la Tierra. Y como se hace difícil suponer que pueda haber vida en las estrellas, es preciso que esa vida, si la hay, se desarrolle en los —perdonadme la obscenidad de la palabra, yo vacilo al escribirla— en los planetas. Ahora bien, a uno lo atacan unos accesos de rabia muy comprensibles frente a una multitud de colegas que, dejando de lado sus obsesiones racionalistas, son desde todo punto de vista amables y normales. Recuerdo una escena increíble que me ocurrió en el despacho de Ostoya, el antiguo director de *La Nature*. Ostoya me pidió, a propósito de un artículo que yo debía escribir, que conviniera con él al menos en el hecho de que no podía haber vida en Marte, no sólo por lo que respecta a los animales superiores, sino también en cuanto a los inferiores. Yo me defendí como un diablo reclamando el derecho de no saber y, por lo tanto, de no decir nada ni a favor ni en contra. Aquello duró por lo menos una hora y, pasados más de diez años, yo lo recuerdo todavía sin acabar de creerlo.

¿Habéis notado el tono triunfal con el cual los racionalistas han recibido los primeros materiales lunares llegados a la Tierra declarando que ahora ya podía darse por seguro que no había vida en la Luna? Ahora bien, admito con toda mi buena voluntad que si se encuentra cualquier ente con vida en la superficie de la Luna, el hecho será muy sorprendente, pero que si se encontraran fósiles me sorprendería algo menos. Pero han de tener ustedes en cuenta que apenas hemos arañado una parte ínfima del suelo lunar y que no es conveniente apresurarse a hacer declaraciones. ¿Les parece que un marciano que aterrizara en Tanezrouft o en el desierto de Persia encontraría vida en abundancia? En fin, dejemos de lado a la Luna. ¡Creo que la vida, en el caso improbable de que exista sea donde sea, no es abundante! Pero tenemos a Marte.

¡El planeta Marte! El nombre que jamás debe pronunciarse. Quien dice Marte dice marcianos y quien dice marcianos dice platillos volantes y, ¿por qué no?, serpientes marinas. El escándalo de los escándalos. ¿Recuerdan ustedes? Cuando la primera sonda espacial americana tomó algunas fotos —bastante lamentables— a muchas decenas de miles de kilómetros del planeta rojo, se vio que había cráteres, y yo he leído artículos que, con una alegría notoria, anunciaban que la superficie de Marte era similar a la de la Luna y que, por lo tanto, se debía renunciar a toda esperanza de hallar signos de vida. Les pido que presten un poco de atención. ¿Es que esas fotos permiten sacar la más mínima conclusión, sea en un sentido, sea en el otro? Y luego tuvieron lugar las siguientes expediciones en las cuales las fotos fueron bastante mejores y también fueron tomadas desde una distancia mucho menor. Y debemos convenir que Marte no se parece a ninguna otra cosa que a Marte... Que ciertos barrancos tortuosos evocaban la presencia de agua, al menos en el pasado (nunca he dicho «en el presente» porque defiendo la pureza de mis intenciones y nunca he escrito una abominación semejante). Y se ha comenzado a decirme que tal vez no pueda descartarse terminantemente la posibilidad de que exista cierta forma de vida rudimentaria. ¡Qué derrota para el racionalismo!

Pero a fin de cuentas, me dirán ustedes que todo eso es idiota y que yo razono como una zapatilla. ¿Qué es lo que tiene que ver todo eso con el racionalismo?

No tiene nada que ver, es verdad, pero no soy yo el que razona —debería decir el que «siente»— de ese modo. Para el racionalismo, el verdadero, un hecho es un hecho ante el cual uno debe inclinarse; los dogmas y los tabúes no existen en la Ciencia. Esto es lo que ha creado la grandeza de esta escuela filosófica.

Pero para el racionalismo, para el pequeño, para el que se escribe con una *r* minúscula, el de la Unión del mismo nombre, el universo está lleno de dogmas y de tabúes, como de pulgas la pelambre de un perro viejo. Vean su «razonamiento», si es que pueda llamarse de esa forma a tamaño descaro: si de veras existe vida en otro lugar que no sea en la Tierra, es imposible pensar que la misma no haya evolucionado (por supuesto). Y que, por lo tanto, la misma tiene que haber dado origen a la inteligencia. Y que es posible que existan civilizaciones. Y que algunas pueden estar más evolucionadas que nosotros. Bastante más. Monstruosamente más.

Imposible escapar a esta lógica de hierro. Resulta que ahora la razón humana no lo es todo. Puede haber, en otras partes, superiores e inferiores. ¿Y es posible también que Dios exista, o, peor aún, que existan los platillos volantes?

¿Es que voy demasiado lejos? De acuerdo. Pero puedo asegurarles que estas bromas de un gusto bastante dudoso no están tan lejos, no digo del «pensamiento», sino de los reflejos de muchas de estas valerosas personas.

Ellos me irritan, pero convengo que en las raíces de su actitud hay motivos que no pueden ser despreciados. Les han contado la historia de la Razón que los griegos antiguos adoraban en la forma de una diosa de ojos verdes y cómo, en los orígenes, aquello fue una pequeña llama aplastada bajo los pies de los mitos dementes y del mundo oscuro. Cómo, mucho más tarde, aquella llama procuró liberar al hombre de «los vanos temores y del fracaso del avaro Aqueronte», como dijo Virgilio. La razón tropieza con mil obstáculos y notablemente con la Iglesia, con mi Iglesia, por desgracia, que había detentado por sí misma, durante tantos siglos, la ciencia, la sabiduría y el poder y que se debatía furiosamente para no perderlos. ¡Con cuántos crímenes y con cuantas traiciones se ha tratado de hacer callar a la Razón! Y entre sus crueles perseguidores había muchos que obraban de buena fe confundiendo la superstición con la grandeza de su propia fe y convencidos de estar actuando en bien del hombre. Todo aquello hace crecer, en el corazón de los racionalistas, una indignación generosa y justificada. Pero la historia de la Razón no se detiene entonces. La diosa de los dones inagotables ha proseguido su camino, cada vez con más prisa. Ha creado una Ciencia rigurosa, clara y precisa, hasta el punto de que todos los secretos del universo nos parece que están al alcance de nuestras manos, prontas a ser incluidas en una fórmula única. Y hubo muchos hombres de Ciencia del siglo XIX que creyeron en esto ardiente y totalmente. Ella misma se ha convertido en una especie de perseguidora de todos aquellos que la habían combatido poco antes.

Y luego, la Ciencia se ha encargado de destruir aquella imagen clara que existía de ella misma; el universo, del cual no sabemos si es finito o infinito, si ha tenido un principio o si no lo ha tenido, es mil veces más grande y más extraño de lo que nosotros creíamos. El astrónomo descubre todos los días objetos extravagantes, como los «quasars». El físico soñador se enfrenta todos los días con partículas que saltan de todas partes hacia sus monstruosos instrumentos: ya no sabe cómo hacer para integrarlas a un sistema coherente. Más aún teniendo en cuenta que el concepto mismo de una Ciencia independiente del observador se desmorona frente a la mecánica cuántica.

¿Qué es lo que prueba todo esto? Yo no lo sé. Ya no sé más... Salvo que no podemos seguir haciendo afirmaciones apresuradas como lo hacíamos hace cien años. Que el destino humano es cada vez más misterioso. Pero que es necesario conservar la fe en la Ciencia que nos ha llevado tan lejos; la honestidad nos obliga, al igual que esa ética de las ciencias de la cual nos ha hablado Jacques Monod, salvo por el hecho de que la misma es mucho más abierta y mucho más angustiosa de lo que él se imagina. Repitamos una vez más que la Ciencia no tiene miedo de los hechos, que para ella no existen ni dogmas ni tabúes. Ése es su deber. La Razón es mucho más grande que nuestros pequeños razonamientos y sabe admitir un hecho, aunque el mismo parezca inconcebible para la Ciencia de hoy en día.

He aquí lo que yo quería decir. Pero Pierre Duval lo repite cien veces, y mejor que yo. Vuelvo a aprobarlo una vez más, aunque con una pequeña cantidad de críticas. Su libro debería ser redactado por un equipo de especialistas y no por un solo hombre. Él no es al mismo tiempo un físico, un paleontólogo, un geólogo y un astrónomo. Por lo tanto es más que probable que haya cometido en los detalles más de un error, lo que a la larga va a servirle para curarse en salud. Los demás se apoyarán en sus fallos, que yo creo menores, para rebatir la totalidad de sus tesis. Ya se lo he advertido, pero él me ha contestado que «a esos especialistas haría falta en primer lugar encontrarlos. Hay cien jóvenes investigadores que podrían redactar estos capítulos, pero ¿es que tú sabes a lo que se exponen? ¡Se exponen a la Santa Inquisición, ni más ni menos! ¡Oh! Nadie les diría nada, pero el informe pasaría de boca a oreja, después de lo cual una persona de este tipo ya deja de ser alguien serio, puesto que ha escrito sobre astrología y sobre los platillos volantes y luego los créditos para investigación se agotarán y el progreso volverá a marcar el paso. Tú sabes bien que todo eso sigue sucediendo». ¡Oh, sí! Desgraciadamente hay una sola cosa que de veras causa placer a los hombres: impedir a sus congéneres que piensen lo que ellos quieran. Ya no se les pone en la hoguera, es cierto, pero muy bien se les puede impedir que vivan o que trabajen. Esto se hace todos los días.

Ahora buena suerte a *La ciencia ante lo extraño*. Mis deseos más sinceros de que el libro pueda convencer al lector, no respecto a una tesis o a su contrario, sino solamente de que existe un problema; de que hay problemas que, en la gran mayoría de los casos, han sido escamoteados temerosamente y que es necesario mirarlos a la cara como hombres, como científicos, como racionalistas, de los auténticos...

RÉMY CHAUVIN

LO EXTRAÑO EN ARQUEOLOGÍA

UN PASADO QUE PARECE SURGIR DEL FUTURO

¿Ha existido en una época remota una gran civilización enteramente desaparecida de la cual la ciencia babilónica y la ciencia egipcia no han retenido más que las sobras? Éste es un tema familiar para muchos esoteristas, que habitualmente lo apoyan con un centenar de tonterías que apenas pueden tomarse por argumentos. Sin embargo, como siempre, estos disparates pueden encerrar una parte de verdad, y no porque la presentación de una droga sea desagradable y escandalosa se debe inferir que está desprovista de toda eficacia.

En primer lugar, existen tradiciones aproximadamente universales sobre el hecho de que «nuestros padres fueron mejores y más sabios que nosotros» y lo mejor que nosotros podemos hacer, en consecuencia, ¿no es acaso imitarlos? Me doy cuenta de que los etnólogos y los psicoanalistas encontrarán numerosas explicaciones para esto y que se sorprenderán de que a estas alturas yo pueda plantear semejante cuestión. Pero, ciertamente, ¿es que ellos creen haber hallado una respuesta final, definitiva, que excluya cualquier hipótesis? Si la contestación es afirmativa, ya no volveré a escucharlos, puesto que jamás habrá nada definitivo en las ciencias.

Los griegos, y notoriamente Heródoto (que a menudo embellecía la realidad, según se cree), hablan también de una visita que este último realizó a un templo egipcio, donde le fueron mostradas las estatuas de los grandes sacerdotes de los orígenes, ¡unos orígenes que se remontaban a cerca de 10 000 años!

Por otra parte, es seguro que a medida que las excavaciones se vayan haciendo más precisas, la fecha del inicio de la vida urbana y de la agricultura se remontará a fechas cada vez más remotas. Actualmente, se encuentra en los 8 000 años antes de J. C.

(en Çatal Hüyük) (1) y probablemente este dato no es definitivo. Por último, muchos arqueólogos han manifestado su asombro por haberse comprobado, en la zona de los 4 000 años antes de J. C., la llegada de los sumerios al fondo del golfo Pérsico. Hasta el presente, son ellos quienes se hallan en los orígenes de la civilización. No se puede (siempre hablando del presente) remontarse más lejos. Y esas gentes a quienes los indígenas del lugar llamaban los «cabezas negras» conocían ya la escritura, la navegación, la forma de trabajar los metales y una agricultura muy refinada surgida de unas técnicas de irrigación muy complejas. Sabían educar a los animales domésticos y el arte de la guerra no tenía secretos para ellos. Todo esto cuarenta siglos antes de Jesucristo, repito. Se mire como se mire, es un hecho sorprendente. ¿Pero qué más podemos agregar si no sabemos exactamente de dónde procedían? Al parecer se trataba de un país de montañas, teniendo en cuenta que edificaban sus templos en la cumbre de colinas artificiales. Por otra parte, su lengua no se parece a ninguna otra, y creo que hasta ahora la única analogía que se ha encontrado ha sido entre el nombre sumerio de una divinidad, «Dingir», y el nombre del cielo azul adorado por los antiguos mongoles, «Tengri». Esto es bien poco. Queda la posibilidad de que hayan ido formando poco a poco su civilización a través de muchos milenios pasados en su país de origen, lejano y desconocido (ésta es la hipótesis clásica) o que todo lo hayan aprendido de otra civilización más evolucionada que la de ellos... ¿Qué es lo que dicen ellos mismos? Dicen cosas asombrosas, según Beroso *el Caldeo* (2), que escribió en una fecha más alejada de los sumerios de lo que nosotros lo estamos de Clodoveo. Todo provendría de un hombre-pez, Oannes, que habría surgido de las aguas marinas para enseñar a los hombres la religión y todas las artes. Sus apariciones se habrían repetido, posteriormente, en numerosas ocasiones. Todo esto nos hace recordar a Tages, el pequeño viejecito que salió de la tierra y enseñó a los etruscos el arte de la adivinación.

¿Qué es lo que prueba todo esto? No prueba nada, ya lo sé, salvo que no se han planteado, tal vez, todas las cuestiones que deberían plantearse. Historias tales como la de Oannes y la de

(1) En Turquía. Ciudad descubierta en 1958 por James Mallaart, director adjunto del Instituto de Arqueología de Ankara. Ver a este respecto *La arqueología misteriosa*, de Michel-Claude Touchard (París, C.A.L. y Denoël, 1972).

(2) Sacerdote, historiador y astrónomo de Babilonia (alrededor del año 330 antes de Jesucristo). En el año 280 habría escrito una historia de Babilonia, según fuentes antiguas.

Tages tienen para mí una apariencia curiosa. El hombre no inventa, sino que habitualmente interpreta. Y los incontables héroes civilizadores que aparecen con insistencia en todas las mitologías (Quetzalcóatl y Viracocha, por ejemplo), ¿qué es lo que eran exactamente?

Pero dejemos esto. En efecto, dicen los adeptos del «racionalismo», si usted admite que existió, en un pasado remoto, una gran civilización muy desarrollada que fue la madre de todas las otras, usted debe probar su aserto exhumando sus huellas. Ésta es una objeción muy justa, a la cual se puede responder en seguida señalando que para encontrar esas huellas es necesario buscarlas primero, hecho éste que nadie (o casi nadie) ha llevado a cabo hasta la fecha. Yo diría también, para ser enteramente franco, que es necesario buscarlas y a la vez «creer» un poco en ellas. De otra forma, uno se vería rebasado por la más ínfima dificultad que se le presentara, y es indudable que se presentarán, pues si las huellas fueran evidentes se notarían, como diría Pero Grullo.

LA BÚSQUEDA OBSTINADA DEL PROFESOR HAPGOOD

Ahora bien, el profesor Hapgood, que enseña en New Hampshire, fue uno de esos obstinados buscadores. Su historia vale la pena de ser contada. Comienza por un encuentro entre Hapgood y el capitán Mallery y por un mapa misterioso, llevado a cabo por un antiguo corsario turco, Piri Reis. En dos palabras, según Mallery, dicho mapa, que estaba fechado en el año 919 de la Hégira, o sea, en el año 1513, describía la costa oriental de América que por aquella época todavía no era conocida de punta a punta; y, más aún, mostraba, allí donde debía situarse la Antártida, una zona que correspondía a la tierra de la Reina Maud antes de que los glaciares la hubieran recubierto. Era por lo tanto, posible suponer que el mapa de Piri Reis era una copia de otros documentos de un origen fabulosamente remoto, ya que, siguiendo las suposiciones más optimistas, el polo Sur ya se hallaba bajo el hielo 10 000 años antes de J. C.

Es fácil adivinar el asombro de Hapgood. Sin embargo, él ya conocía a Mallery, que había sido ingeniero, navegante, arqueólogo y escritor y que se especializaba en el estudio de viejos mapas, especialmente de los viejos mapas de los vikingos sobre América y Groenlandia. Un oficial de marina turco había donado una copia del mapa al Servicio Naval de Hidrografía americano, y dicha copia había ido a parar a las manos de un cartógrafo, M. I. Walters. Walters la había mostrado a Mallery, que se la llevó a su casa, la estudió y formuló a Walters la asombrosa observación sobre la Antártida que se ha mencionado más arriba. Después de examinar el mapa, Walters llegó a la conclusión de que no era rigurosamente imposible que Mallery estuviera en lo cierto. El reverendo padre Lineham y el reverendo padre Hayden, dos sabios jesuitas de los observatorios de Georgetown y del Weston Observatory, se mostraron también de acuerdo con Mallery.

El profesor Hapgood tuvo entonces el mérito inmenso de decidir que se siguiera adelante y de proceder al estudio completo del viejo mapa (1). Consiguió llevar adelante su empeño con la ayuda de sus estudiantes. Todos ellos pasaron varios meses trabajando y, según palabras de Hapgood, «el entusiasmo era tal que muy a menudo nuestras discusiones se prolongaban hasta las primeras horas de la mañana». Los resultados fueron sorprendentes y para no agobiar al lector, resumiré los hechos diciendo que Mallery tenía razón. El continente antártico estaba perfectamente marcado en el mapa de Piri Reis, aunque el turco, evidentemente, no podía tener la menor idea sobre el mismo. Este acontecimiento colocó a Hapgood en el camino de descubrir otros mapas aún más sorprendentes.

HISTORIA DE PIRI REIS

Piri Muhyi 'I Din Re'is, navegante turco, sin duda de origen grecocristiano, era, según se decía, el sobrino del famoso corsario Kemal Re'is. Su padre debió de ser un renegado llamado Hadji Mehmed. Piri Reis también se convirtió en corsario, conquistando una fama sin igual y adquiriendo un vastísimo conocimiento de todas las orillas del Mediterráneo. Se convirtió en «kapurdán» en

(1) *Maps of the ancient sea Kings* (Filadelfia, Chilton Book).

Egipto y vivió multitud de aventuras, todas sangrientas y llenas de colorido. Sin embargo, la última terminó mal para él, pues habiendo embarrancado una de sus expediciones, el Sultán lo hizo decapitar, en El Cairo, en el año 962 de la Hégira (1554-1555).

A Piri Reis se le conoce, sobre todo, como el autor de un libro sobre la navegación en el Mediterráneo y en el mar Egeo, el *Bahrije (Viajes marítimos)*, que reúne muchos datos sobre las corrientes, los bajíos, los puertos y los estrechos. Este trabajo fue comenzado, sin duda, bajo el reinado de Selim I, y sin embargo, está dedicado a Solimán *el Magnífico*, a quien Piri Reis entrega su famoso mapa, en el año 930 de la Hégira (1523). Este mapa, llamado por el propio Piri Reis «mapa de Colón», fue encontrado en 1929 por el bey Jalil Edhem en la biblioteca del Serrallo, en Estambul. El mapa está trazado sobre un cuero de gacela de 85 × 60 centímetros, ricamente iluminado y cubierto de inscripciones en turco. Representa el hemisferio occidental y, especialmente, los bordes del Atlántico.

Las inscripciones del mapa son, en su mayor parte, carentes de interés, salvo dos de entre todas. Por lo demás, falta un trozo, el mapa fue partido en dos en sentido norte-sur tanto que, en el pedazo que abarca el Este, sólo España y una porción de África están representadas.

INSCRIPCIÓN V

«Cómo fueron descubiertas estas costas y estas islas (costas de América). Se las llama costas de las Antillas. Fueron descubiertas el año 896 del calendario árabe. Se dice que un genovés infiel, de nombre Colombo, fue quien descubrió estas costas. Un libro cayó en manos del mencionado Colombo quien descubrió que en aquel libro se decía que al término del mar occidental (el Atlántico), es decir, sobre su costa Oeste, había costas e islas y toda clase de metales y de piedras preciosas. El ya mencionado, habiendo estudiado a fondo este libro, le explica su contenido a uno de los grandes de Génova», etc.

INSCRIPCIÓN VI

«Esta sección muestra cómo ha sido realizado este mapa. Nadie en este siglo posee un mapa similar... [Fue realizado] a partir de unos veinte mapas de *Mappae Mundi* —éstos son unos mapas que fueron trazados en los días de Alejandro, el señor de los Dos Cuernos, y muestran la parte habitada del mundo—. Los árabes los llaman Zaferiye. [Este mapa fue realizado] partiendo de ocho Zaferiyes del tipo mencionado y de un mapa árabe del Hind y de mapas que se suponen fueron realizados por cuatro portugueses que remontaron las comarcas del Hind, del Sind y de la China y las diseñaron geométricamente; y también ha sido realizado partiendo de un mapa diseñado por Colombo que muestra la región occidental (...). Reduciendo todos estos mapas a la misma escala, he llegado a esta disposición final...»

Retengamos, de lo que dice la *Inscripción VI,* que se trata de un mapa compuesto de muchos otros mapas que fueron reducidos a una misma escala. Esto complicó bastante el trabajo de Hapgood, quien llegó a comprobar que el buen Piri Reis no era siempre un cartógrafo demasiado experimentado. Retengamos también el aserto según el cual Cristóbal Colón ya estaba documentado respecto a América antes de haberla descubierto. Esto último, por otra parte, ya ha sido más o menos admitido por diversos autores. También se ha dicho que los obispos de Groenlandia, en el curso de sus viajes *ad limina apostolorum* habían hablado en Roma respecto a «Vinlandia», o América, descubierta seguramente y en muchas ocasiones por los vikingos mucho antes que por Cristóbal Colón. De lo que se deduce que el Papa no ignoraba la existencia de un continente que debía encontrarse navegando hacia el Oeste, y es posible que se lo hubiera dicho a Colón.

EL TRABAJO DE HAPGOOD

Voy a detenerme un poco en el trabajo cartográfico realizado por Hapgood partiendo de Piri Reis porque ilustra bien el enorme esfuerzo llevado a cabo por el profesor americano, por un lado, y las grandes dificultades de su empresa, por otro lado.

Hapgood partió de un principio que señala que si un mapa terrestre puede ser bastante inexacto sin poner en peligro la vida del que lo utiliza, los mapas marinos (también llamados portulanos según la nomenclatura empleada en la Edad Media) son inútiles si no son exactos, pues de otro modo el navegante corre el riesgo (lo corría especialmente en la Antigüedad) de morir rápidamente de hambre y de sed. Y partiendo de este hecho ciertos portulanos del siglo XVI (e incluso del siglo XVII) son, a veces, de una exactitud sorprendente. Éste es un hecho muy común a propósito del cual parece que, como siempre, no se han llevado a cabo las investigaciones suficientes. Como ejemplo, Hapgood compara el mapa de Andreas Walsperger, de 1448 (el cual es un tejido de estupideces) con el portulano de Dulcert (1399), que representa al Mediterráneo de una manera evidentemente exacta.

EL PORTULANO DE DULCERT

El portulano de Dulcert es tan preciso que un gran especialista en mapas medievales, Nordenskjöld (1) no podía creer que hubiera sido trazado por los inhábiles esfuerzos de los cartógrafos medievales. Las copias de comienzos del siglo XIV son tan buenas como las realizadas en el siglo XVI. Parece como si alguien, a fines del siglo XIII o a principios del XIV, hubiera encontrado un modelo excelente y que a continuación se hubiera dedicado a copiarlo y volverlo a copiar. En efecto, todos los portulanos del Mediterráneo son demasiado similares y en todos se utiliza la misma escala. Ahora bien, según Nordenskjöld, esta escala no tiene nada que ver con las unidades de medida utilizadas en el Mediterráneo, salvo con las medidas catalanas (que se creen derivadas de las medidas cartaginesas). Por lo tanto, según Nordenskjöld, es posible que los portulanos se remonten a una época bastante remota, al menos a la época de Marino de Tiro (en el siglo II antes de J. C.). Lo más extraño es que Marino de Tiro precedió en al-

(1) Nordenskjöld, gran explorador polar sueco. Estuvo a la cabeza de numerosas expediciones al Ártico y relató sus descubrimientos en *Viajes de la Vega* (traducción francesa de Rabot y Lallemand, 1883-84). Igualmente publicó importantes libros sobre mapas antiguos: *Fac-Similé Atlas* (1889) y *Periphus* (1897).

gunas décadas, sin duda, al célebre geógrafo Claudio Ptolomeo, que trabajó en la famosa biblioteca de Alejandría durante el siglo II antes de J. C. Ahora bien, los portulanos trazados bajo sus órdenes son bastante peores que el portulano de Dulcert. La contradicción que frena a Nordenskjöld es el hecho de que Ptolomeo tenía a su disposición una enorme documentación geográfica y conocía muy bien las matemáticas. ¿Cómo es posible suponer, entonces, que los pobres marinos bribones del siglo XIV, infinitamente menos sabios que Claudio Ptolomeo, pudieran trazar un portulano notoriamente superior al suyo? Por otra parte, los sabios de la Edad Media, que se ocupaban de Cartografía con los resultados desastrosos que menciono más arriba, nunca hicieron alusión a los portulanos.

Pero volvamos al mapa de Piri Reis. En principio está formado por dos sistemas de líneas, unas que forman rosetas a partir de cinco centros (¿rosas de los vientos?), dispuestas muy nítidamente sobre un arco de círculo, y, además, por líneas que se cortan en ángulo recto al pasar por el centro de las rosetas. ¿Qué significan esas líneas? ¿Cómo trasladarlas a nuestros modernos grados de longitud y de latitud, que son los únicos que nos permiten ubicar las localidades indicadas en el mapa así como los distintos accidentes geográficos?

LAS ANTIGUAS TÉCNICAS CARTOGRAFICAS

Para esto es necesario tener alguna idea sobre las técnicas empleadas por los dibujantes de los antiguos portulanos. Para empezar, se sabe que no utilizaban ni las longitudes ni las latitudes (ya que les era imposible determinarlas por carecer de cronómetros y de otros instrumentos apropiados), pero los dibujos en los cuales las líneas parten de un centro, y que se pueden encontrar en todos los portulanos, representan las direcciones de la brújula y la dirección que debe seguir el navegante para arribar a tal o cual punto. Estas líneas, según estiman algunos, ya eran empleadas por los griegos —desde la época de Timóstenes y puede que antes aún— y servían para poner el mapa al alcance de manipulaciones geométricas bastante sencillas. Conociéndose el radio de un gran círculo central, lo demás surgía por sí solo.

El cartógrafo comenzaba trazando un gran círculo que abarcaba la mayor parte de la zona que intentaba reproducir (copiando un documento). Luego trazaba los ocho diámetros equidistantes, que debían ser obligatoriamente de un ángulo de 22,5°. No le hacía falta más que unir las extremidades de dos diámetros, de modo que pudiera trazar un cuadrado que luego sería fácil subdividir en otros cuadrados todos iguales. Después se colocaban en cada cuadrado los detalles geográficos correspondientes. Si se deseara aumentar o disminuir la escala, bastaría con trasladar a la copia un círculo con un radio más grande o más pequeño, y así tendríamos, con el mismo sistema, los cuadrados pequeños de una talla también proporcional. Ahora bien, los radios que parten de las rosas de los vientos tienen siempre entre ellos un ángulo de 22,5°. La construcción geométrica descrita más arriba es, por lo tanto, la misma que empleaba Piri Reis.

EL DESCIFRAMIENTO DEL MAPA DE PIRI REIS

Sin embargo, hacía falta conocer el centro del gran círculo utilizado por Piri Reis, de una parte, y Hapgood no lo poseía. Esto se debía a que las líneas que partían de las cinco rosas de los vientos eran convergentes, pero convergían hacia la parte arrancada y perdida del mapa. Suprimo las vacilaciones previas a la decisión de Hapgood de elegir Alejandría como el centro. Alejandría, por supuesto, dado que esa gran ciudad había sido durante tanto tiempo el centro de los estudios geográficos. Luego, cuando Alejandría se mostró poco conveniente, Siena (1), pues Eratóstenes, en el siglo III antes de J. C., había medido la circunferencia de la Tierra por la medida simultánea de la altura del Sol a mediodía en Alejandría y en Siena. Además, Siena se encontraba sobre el trópico de Cáncer. El polo, los trópicos y el ecuador pueden determinarse sencillamente por observaciones astronómicas y siempre, por lo tanto, han sido utilizados como base para la construcción de mapas. A decir verdad, los alumnos

(1) Siena, ciudad egipcia de la antigua Tebaida, cerca de la frontera nubia. Actualmente, Asuán.

de Hapgood descubrieron un poco tarde que Siena no convenía de ningún modo. El auténtico centro se encontraba en la intersección del meridiano de Alejandría (a partir del cual todos los geógrafos griegos trazaban sus mapas) con el trópico de Cáncer, en un punto bastante cercano a Siena. Pero, ¿cuál era el radio de la circunferencia? En el mapa de Piri Reis había una línea que pasaba a través de la rosa de los vientos del Norte y luego a través del Brasil. Parecía confundirse con la línea de demarcación de 1494, trazada por los papas para evitar los conflictos entre España y Portugal. Los portugueses debían limitar sus conquistas a uno de los lados de la línea y los españoles al otro lado. La línea corría de Norte a Sur, a 370 leguas marítimas al oeste de las islas de Cabo Verde y, según los modernos, debía pasar a 46° 30' de latitud Oeste. Si tomamos esa línea como extremo, el círculo que tiene por radio la distancia de Siena a la mencionada línea mide, por lo tanto, 79°. Fue después de numerosas sesiones nocturnas dedicadas al mapa cuando uno de los colaboradores de Hapgood, John Malsbenden, lanzó un rugido de indignación al mostrar una inscripción de Piri Reis que había pasado inadvertida: «Los infieles portugueses no podrían pasar al Oeste (de esta línea). Toda esta parte pertenece a España. Ambos se han puesto de acuerdo para que una línea a dos mil millas del estrecho de Gibraltar, en su lado occidental, sea tomada como frontera...»

Ahora bien, esa línea era la primera, la de 1493, la cual está mucho más cerca de Europa y de África que la línea de 1494. En efecto, la famosa línea del siglo XV fue trazada en dos ocasiones.

Quedaba por ver la orientación del mapa. ¿Estaba orientado hacia el norte geográfico o hacia el norte de las brújulas, es decir, hacia el norte magnético? ¿Había acaso varios «nortes», como en la famosa proyección de Mercator (1), en la cual los continentes se supone que están inscritos en un cilindro y no en una esfera? En estas condiciones, el norte no es un punto, sino una línea, y la deformación se hace muy considerable al irse aproximando al

(1) Gerardo Mercator (1512-1594), geógrafo flamenco, que construyó para Carlos V dos globos, uno celeste y el otro terráqueo, que fueron la admiración de sus contemporáneos. Inventó un sistema de proyección (de una superficie curva sobre una superficie plana) empleado para los mapas marinos y conocido con el nombre de *sistema de proyección de Mercator*. El mapa está compuesto por un ensamblado de rectángulos que tienen todos la misma base en el ecuador, pero cuya altura aumenta a medida que dichos rectángulos se van aproximando a los polos.

polo. De hecho, Hapgood descubrió más tarde que la gran mayoría de los portulanos estaban orientados hacia el norte magnético. Es verdad que este hecho no implica una gran diferencia, puesto que, de repente, Hapgood observó que el círculo Siena-línea de demarcación de 1493 pasaba muy cerca del polo. ¿No sería entonces más razonable fijar como radio del círculo no ya la distancia de Siena a una línea recién trazada en 1493, sino la distancia de Siena al polo, que puede ser medida astronómicamente? Entonces, el radio del círculo no era de más de 66° 5'. La línea horizontal que se halla en el medio del mapa se convierte así en el verdadero ecuador.

Las cosas fueron entonces mucho más de prisa. Partiendo de estas hipótesis, Hapgood le pide a Strachan, un matemático amigo suyo, que le calcule las latitudes y las longitudes de las cinco rosas de los vientos. La perpendicular trazada desde el polo Norte hasta Siena fue tomada como meridiano de referencia y el ecuador como base para marcar las latitudes. Había dos procedimientos mediante los cuales Strachan podía alcanzar su objetivo, fuera empleando la Trigonometría plana o fuese empleando la Trigonometría esférica, que es aún más exacta, puesto que la Tierra es redonda y de lo que se trata es de proyectar una superficie esférica sobre un plano. Sin embargo, el empleo de la segunda conducía a numerosos absurdos, mientras que la primera permitía construir un entramado de latitudes y de longitudes que estaba muy de acuerdo con el mapa de Piri Reis. En la proyección original, por lo tanto, se había utilizado la Trigonometría plana.

Para trazar este entramado de latitudes y de longitudes, no existía más que un problema de paciencia, de bastante paciencia. Y es en este tipo de cosas cuando los americanos, a menudo, demuestran un espíritu de cooperación, una buena voluntad y un entusiasmo que producen admiración en un francés. Un estudiante de Hapgood, Frank Ryan, que había servido como cartógrafo en la aviación americana, habló con el capitán Burrough, que también se entusiasmó, y durante dos años los oficiales y los hombres de la base de Westover se enfrentaron, junto a Hapgood, contra el mapa de Piri Reis. Esto supuso la construcción, en el mapa, de un entramado que avanzaba de cinco en cinco grados.

Después se identificaron todos los puntos especialmente señalados por Piri Reis y también los fácilmente reconocibles y se compararon sus latitudes y longitudes con un mapa moderno.

EL MAPA ESTA HECHO DE PEDAZOS Y DE TROZOS

En seguida, apenas iniciados los trabajos, sobrevinieron las primeras complicaciones graves. Algunas de las posiciones reconocidas en el mapa eran del todo exactas y otras eran evidentemente absurdas. Hapgood recordó entonces que Piri Reis había reconocido que su mapa estaba formado por trozos y pedazos, y Dios sabía lo que había hecho él para unirlos.

Por ejemplo, faltaban 900 millas de la costa este de América del Sur. El Amazonas estaba trazado dos veces. Debieron de existir dos mapas que situaban el Amazonas cerca del borde y el buen Piri Reis los había unido un poco al buen tuntún. Y aquellos mapas debían acercarse bastante al ecuador, puesto que, después de una revisión, se llegó a la conclusión de que el ingenuo cartógrafo había calculado los puntos de su mapa a partir de dos ecuadores, que, a decir verdad, no se hallaban muy distanciados uno de otro.

ERATÓSTENES Y EL MAPA DE PIRI REIS

No obstante, algunos errores residuales demostraron que el radio elegido como base debía ser algo más largo; se había admitido, en efecto, que el radio tuviera 66° 5', es decir, el largo correcto, pero después de varios intentos se descubrió que un largo de 69° 5' era más conveniente para el mapa de Piri Reis. Había una sobreestimación del 4,5 por ciento. Ahora bien, fue Eratóstenes (1) quien calculó la circunferencia de la Tierra con un error del 4,5 por ciento. Y existe aún otro argumento que demuestra que las medidas del mapa de Piri Reis se remontan, por lo menos, a la época de Eratóstenes.

El patrón de las medidas de longitud griegas era el estadio, aunque los griegos se olvidaron de decirnos de qué se trataba. Eratóstenes también lo utilizó tres siglos antes de Jesucristo, y Sarton, de Harvard, llegó a la conclusión, después de hábiles cálculos, que el largo del estadio debía ser apenas superior a los 186 metros (559 pies). Ahora bien, Eratóstenes escribió que

(1) Eratóstenes (276-196), nacido en Cirene, filósofo y astrónomo griego de la Escuela de Alejandría, midió un grado del meridiano terrestre.

la circunferencia de la Tierra era de 250.000 pies. Hapgood tomó entonces la verdadera circunferencia de la Tierra o sea, 24.800 millas americanas, la aumentó en un 4,5 por ciento, convirtió el resultado en pies y luego lo dividió por 252.000. Obtuvo, por lo tanto, un estadio de 547 pies, que arrojaba, respecto a los cálculos de Sarton, una diferencia de doce pies, o sea, de un 2 por ciento. De todas maneras, según dice Hapgood, «lo mejor que pude haber hecho hubiera sido tomar la circunferencia de Eratóstenes y el estadio de Sarton. De ese modo, los resultados finales hubieran sido indiscernibles del original».

PERO EL MAPA SE REMONTA A UNA ÉPOCA ANTERIOR A ERATÓSTENES

En efecto, puesto que la circunferencia de Eratóstenes es errónea, los cálculos de las posiciones de las cinco rosas de los vientos sobre el mapa debían serlo también. De hecho, al volver a dibujarse el entramado corrigiendo el error, todas las longitudes demostraron ser correctas. Esto no se puede explicar sino admitiendo que los geógrafos griegos tenían un modelo depurado del error de Eratóstenes y probablemente sin error de ningún tipo. Es decir, que los dibujantes del mencionado modelo eran más sabios que los propios griegos.

LA PROYECCIÓN DE MERCATOR

Pero habiendo comprobado todo lo antedicho, el pobre Hapgood cayó de las fauces de Caribdis en las de Escila, ya que si las longitudes eran bastante exactas las latitudes lo eran bastante menos, lo cual no tiene aparente explicación, dado que es más fácil calcular una latitud que una longitud. Dejemos de lado las numerosas tentativas de Hapgood par descubrir el error y digamos que finalmente llegó a la conclusión de que los antiguos cartógrafos habían utilizado diferentes sistemas de graduación para las latitudes y para las longitudes resumiendo que el entramado estaba formado por rectángulos (unos rectángulos alargados a medida que se iban aproximando a los polos) y no por cuadrados.

Es éste un procedimiento bastante conocido que intenta dar cuenta de la disminución de los grados de latitud cuando se van acercando al polo, donde convergen. Se pueden trazar los meridianos en líneas curvas hacia los polos, como muy a menudo se hace en los mapas modernos. También se pueden trazar los meridianos en líneas rectas siempre y cuando se vayan separando las latitudes a medida que se van alejando del ecuador con el propósito de mantener una relación constante entre la extensión de los grados de latitud y de longitud en cada punto de la superficie terrestre.

Sin embargo, este último procedimiento, no es otro que el de la proyección de Mercator (1569). Si lo aplicamos al mapa de Piri Reis es posible comprobar que las latitudes se ajustan perfectamente. Por lo tanto, la proyección de Mercator es inconmensurablemente más antigua que el propio Mercator.

LOS RESULTADOS. ¿UN PASADO FABULOSO?

Mientras dispongamos de las escalas correctas podemos revisar en detalle el mapa de Piri Reis. Como ya he dicho más arriba, todavía no hemos llegado al fin de nuestras preocupaciones, pues el mapa es un mapa compuesto y además Piri Reis colocó como pudo los distintos trozos que lo formaban.

LA DESEMBOCADURA DEL AMAZONAS Y LA ISLA DE MARAJÓ

Si bien es cierto que Piri Reis repitió dos veces la desembocadura del Amazonas, también es cierto que distinguió netamente las dos bocas, la del Amazonas propiamente dicha por un lado y, más hacia el Sur, la del río Pará. Es de destacar, principalmente, la muy exacta representación de la isla de Marajó, que separa las dos vertientes del río. Ahora bien, es imposible encontrar esa isla en ningún mapa del siglo XVI hasta 1543, año en que la isla fue descubierta. Y también ha sido, a menudo, muy mal ubicada. En el mapa de América del Sur de Mercator, fechado en 1569, se la puede distinguir en la desembocadura del Orinoco...

¿UN RESTO DE LA ATLANTIDA?

Una isla de gran tamaño, que Piri Reis llama Antilia, se encuentra en el mapa entre América del Sur y África. Esta isla, evidentemente, no existe; lo único que hay son dos islotes pequeños, el de San Pedro y el de San Pablo, al norte del ecuador y a 700 millas de la costa del Brasil. Un mapa de 1737, hecho por el geógrafo francés Buache, representa también esa isla e incluso otra isla más, ubicada entre la primera y la costa de África. Pero Buache señala que allí hubo unas islas y no que las islas sigan existiendo. Todo lo que puede decirse es que esas islas fantasmas se encontrarían sobre la gran cadena que atraviesa todo el Atlántico, de Norte a Sur, entre el contienente americano, Europa y África. Como era de esperar, muchos imaginaron que estas islas eran un resto de la Atlántida, sobre todo admitiendo la antigüedad fabulosa de la carta de Piri Reis.

En el mapa se distinguen también unas enormes montañas emplazadas sobre la costa este de América del Sur, donde se encuentran los Andes (que no habían sido descubiertos todavía en los tiempos de Piri Reis). (Véase figuras 1 y 2, fuera de texto.)

LAS COSTAS QUE FALTAN

La carta de Piri Reis había sido estudiada por otros geógrafos antes que por Hapgood, aunque estos geógrafos siempre habían pensado que el mapa estaba completo y sin fallos. Pero dos alumnos de Hapgood, Spencer y Baraw, comenzaron a identificar los distintos lugares, primero en un extremo de América del Sur y después en el otro. Partiendo de Brasil y descendiendo hasta el cabo Frío (1) comprobaron que todo iba bien hasta entonces. Sin embargo, era al sur del cabo Frío cuando la carta se convertía en algo absurdo. Entonces reanudaron el estudio, ahora partiendo desde un punto correspondiente al cabo de Hornos o al cabo San Diego y avanzando esta vez hacia el Norte. Todo iba bien de nuevo hasta el sur de cabo Frío. La costa ha sido omitida (o inventada u ordenada al azar) entre el cabo Frío y bahía Blanca, lo

(1) El cabo Frío se encuentra cerca de Río de Janeiro.

que hace perder 16° de latitud y cerca de unos 20° de longitud Oeste. Al reajustar esos grados de longitud y de latitud, la posición de diversos lugares se vuelve correcta con menos de un grado de margen de error y, sobre todo, las posiciones de los diversos emplazamientos son justas.

Añadamos que los nombres dados a las localidades por los primeros exploradores son aportados por Piri Reis en su mapa, aunque con numerosos errores. Sin embargo, no figura ningún nombre en la zona sur de América del Sur. Esto se debía a que aquellas costas todavía no habían sido exploradas en 1513. Las islas Malvinas se encuentran en una latitud correcta, pero con un error de cinco grados en la longitud. Hagamos notar que estas islas no fueron descubiertas por John Davis hasta ochenta años después de Piri Reis.

EL GRAN PROBLEMA DE LAS COSTAS DE LA ANTARTIDA

Las cosas parecían desde el principio demasiado embrolladas, puesto que las costas de América se continuaban sin interrupción con lo que podía ser el continente antártico (que sin embargo no sería descubierto hasta 1818...). De todos modos, una gran parte de los cartógrafos del Renacimiento creían en su existencia y le otorgaban enormes dimensiones. Fueron necesarios los viajes del capitán Cook para que quedara demostrado que este continente no alcanzaba las latitudes que anteriormente se le habían fijado.

La verdad es que el paso de Drake, que separa la Tierra del Fuego del continente antártico, o Tierra de Graham, fue omitido por Piri Reis, otorgando de este modo una continuidad a América y a la Antártida, y el mismo error es cometido en numerosos mapas del Renacimiento. Si ajustamos la zona de la costa omitida después del cabo Frío, agregando además el paso de Drake, alcanzamos los 25° de latitud Sur y, por lo tanto, la costa antártica retorna a su latitud correcta. Del mismo modo, como ya hemos visto, existe una pérdida de 16° de longitud después del cabo Frío a la que hace falta agregar los 4° perdidos como consecuencia de la omisión del paso de Drake. Sin embargo, el hecho importante, ya señalado por Mallery, es que si el mapa de Piri Reis pretende representar el polo Sur, lo representa libre de hielos. En cuanto a la longitud de la tierra de la Reina Maud, Piri Reis no muestra más que unas islas que corresponden a la cumbres indicadas por las búsquedas geofísicas modernas.

No es otra cosa que el hielo lo que otorga a la Antártida una apariencia de continente. En realidad, no existe un continente, sino apenas unas islas separadas por brazos de mar, o por lo menos esto era lo que existía antes de la formación de glaciares. De ahí la hipótesis sobre la fabulosa antigüedad del mapa de Piri Reis.

De todos modos, Hapgood reconoce que en este caso sus argumentos no arrojan pruebas definitivas de convicción. No obstante, tiene en reserva otros mapas infinitamente más inquietantes en lo que concierne a la Antártida. Primero, y antes que todos, el mapa de Oronteus Finaeus.

EL MAPA DE ORONTEUS FINAEUS

Hapgood cuenta, no sin humor, cómo tuvo la ocasión de consultar unos viejos mapas en la biblioteca del Congreso durante las vacaciones de Navidad de 1959. Había pedido al jefe de la sección cartográfica que le entregara todos los viejos portulanos que pudiera conseguir. ¡Y se encontró con varios centenares de portulanos amontonados en la sala de lectura!

Sin embargo, entre todos, fue el mapa del mundo de Oronteus Finaeus el que literalmente lo dejó estupefacto («*I sat transfixed*», dijo). Delante de él se extendía una representación del continente antártico que, desde la primera inspección, parecía muy similar a nuestros mapas modernos. ¡Sólo que el mapa de Oronteus Finaeus es de 1531! Y es evidente que en 1531 los conocimientos geográficos sobre el polo Sur eran por demás embrionarios.

Como en el caso del mapa de Piri Reis, le hizo falta a Hapgood mucha paciencia para interpretar el mapa de Oronteus Finaeus y para superponerle un entramado de latitudes y longitudes moderno. Esto se hace aún más delicado en este caso, puesto que tan cerca del polo Sur los grados de longitud se hacen demasiado cortos. En principio, el continente antártico parecía demasiado grande. Pero, si se miden las distancias sobre un mapa moderno, trazando dos perpendiculares que se crucen a través de su superficie, se obtiene para la primera, de la península de Palmer a la costa de Subrina, 78,5 centímetros y para la segunda, del mar de Ross a la costa de la Reina Maud, 38 centímetros. Las dimensiones correspondientes, en el mapa de Oronteus Finaeus son de 129 y de 73 milímetros. Se obtiene, por lo tanto, la siguiente relación: $\frac{78{,}5 : 38}{129 : 73} = \frac{2{,}06}{1{,}73}$, o sea, una relación de 8/7, que de ningún modo puede considerarse fortuita y, por consiguiente, las proporciones indicadas por Oronteus Finaeus se hallan muy cerca de ser correctas.

Por otra parte, lo que simplifica las operaciones es el hecho de que el círculo antártico rodea casi completamente el continente del mismo nombre, que también es casi circular. Y como el círculo está ubicado a 23° 5' del polo, se puede trazar un círculo en torno al continente antártico de Oronteus Finaeus; el centro del círculo corresponderá al polo Sur, y de esta forma podrá obtenerse la longitud del grado de latitud, dividiendo por 23,5. Ahora bien, el círculo que en estas condiciones corresponde al paralelo 80° se confunde casi exactamente con el *círculus antarticus* del viejo mapa, de lo que se desprende que Oronteus Finaeus lo había confundido con el círculo antártico. Y es este error el que hace que el tamaño de la Antártida se multiplique en su mapa casi por cuatro. Y también hace falta señalar que todos los mapas del Renacimiento que representan el polo Sur caen en el mismo error.

Lo más sorprendente es que la carta original debía llevar marcadas las latitudes de 10 en 10 grados cuando se creía que este método había sido utilizado solamente durante el Renacimiento.

Con estas rectificaciones, el mapa se convierte en algo bastante exacto, aunque no completamente. Subsisten numerosos errores de detalle. Hapgood se dio cuenta muy pronto de que, también aquí, el autor o los autores sucesivos se habían servido de piezas y de trozos agrupados tanto bien como mal. Es posible hacer coincidir fragmentos de las costas de Oroentus Finaeus con un mapa moderno, y esta operación se realiza con una exactitud total. Pero no es posible hacer coincidir todas las costas a un mismo tiempo.

LA ANTARTIDA ANTES DE LOS HIELOS

Sin embargo, esto no es, a mi modo de ver, el punto más importante. Lo que es necesario observar es que la Antártida está representada, en esta ocasión, libre de hielos en su mayor parte. Numerosos fiordos cortan la superficie y los ríos desembocan en los mismos. La costa está mucho más recortada que en nuestros mapas modernos y, sobre todo, se nota la ausencia de la península de Palmer. Un detalle tan notorio no podía ser ignorado por un cartógrafo, salvo por el hecho de que... la península de Palmer no existe en realidad. No es más que un banco de hielo que une una isla con el continente... Es probablemente esta laguna lo que constituye el detalle más sobresaliente del mapa de Oronteus Finaeus.

En cuanto al resto de la *Nova et Integra Universi Orbis Descriptio* (éste es el título rimbombante del mapa de Oronteus Finaeus) no ofrece ningún otro dato sorprendente y parece basado sobre todo en los mapas de Ptolomeo, más aún que en los portulanos bastante más exactos de entonces.

¿CUANDO PUDO HABERSE TRAZADO EL MODELO DE ORONTEUS FINAEUS?

Es ésta una pregunta dramática a la cual es imposible escapar. Hasta hace poco se suponía que el enorme casquete glaciar de la Antártida, con un espesor de varios kilómetros en algunos lugares, debía datar de varios millones de años, por más que los sondeos geológicos ya nos han demostrado que el gran continente debió conocer períodos de clima tropical. Según los trabajos ejecutados por la expedición de Byrd, en 1949, tuvo que haber habido, en el correr del último millón de años, por lo menos tres períodos de clima templado en la Antártida. Entonces las orillas del mar de Ross debían hallarse libres de los hielos, todo lo cual se parece demasiado a las condiciones reinantes en América del Norte por las mismas fechas. El último período cálido en la Antártida no concluyó sino en los 4.000 años antes de J. C., y el mismo debió haber sido muy prolongado. Como el mapa de Oronteus Finaeus no muestra ningún detalle en el centro del continente, es posible que en la época en que fue elaborado los hielos ya estuvieran recubriendo la zona mencionada.

EL MAPA DE HADJI AHMED

He querido extenderme sobre los extraordinarios mapas de Piri Reis y de Oronteus Finaeus para demostrar, sobre todo, el empeño ejemplar que puso el equipo de Hapgood al estudiarlos. ¿No creen ustedes que si hubiera un verdadero interés, como el de Hapgood, por aclarar, sin prejuicios pero con empeño u honestidad, algunos puntos insólitos de la historia del mundo, se obtendría una colección de hecho de una riqueza similar a los mencionados y no menos inquietantes? ¿No sería ésta una actitud científicamente más valiosa que la de negarlo todo a tontas y a locas, sin siquiera intentar un examen de los hechos, y únicamente porque los mismos no figuran en el diccionario de las ideas aprobadas?

¿América enteramente cartografiada en 1559, dos siglos antes de que eso fuera teóricamente posible? Y esto es evidente en el mapa de Hadji Ahmed (1), que no ofrece nada de extraordinario en cuanto a Europa y África, excepto algunos disparates de bulto. Pero América, en cambio, está cartografiada con una perfecta exactitud, desde el nivel de los Estados Unidos hasta el norte del Brasil aproximadamente. Dentro de esta zona no existen prácticamente diferencias con un mapa moderno. Hapgood hace notar también que Hadji Ahmed representa el estrecho de Behring como si estuviera cerrado, y lo estuvo, en efecto, pero en épocas muy remotas. De todos modos, en aquellas latitudes nórdicas, el mapa de Hadji Ahmed es de una exactitud bastante relativa, por lo que creo que más vale pasar por alto el «problema Behring»...

(1) Cartógrafo árabe del siglo XVI después de Jesucristo.

EL ENIGMA DEL PORTULANO DE DULCERT

¿Es ésta una copia fiel del portulano normal de Nordenskjöld? Ya he señalado que el portulano de Dulcert, a pesar de su antigüedad (1339), es, en lo que concierne al Mediterráneo, de una exactitud sorprendente. Por otra parte, cuanto más se aleja de ese mar, se convierte en un mapa groseramente inexacto y parece contentarse con copiar tres mapas muy malos que circulaban por aquella época. Notemos también que el portulano cubre mil millas de Norte a Sur y casi tres mil millas de Este a Oeste. Lo ignoramos todo respecto al origen de este portulano. Como ya ha señalado Hapgood, el portulano aparece a principios del siglo XVI «como surgido de ninguna parte». No hace falta decir que el mismo excede inmensamente los conocimientos cartográficos de la época, y notoriamente en lo que respecta al empleo de la trigonometría esférica, absolutamente necesaria para obtener precisión trabajando sobre distancias tan vastas. La gran precisión en las longitudes abarca desde Galway en Irlanda hasta el meandro oriental del Don en Rusia, hasta el punto donde el propio Mercator fue incapaz de alcanzar en el siglo XVI.

Nordenskjöld cree que se trata de una copia particularmente fiel (por lo menos en lo que concierne al Mediterráneo), del portulano normal que se halla en el origen de todos los portulanos, siendo este mismo también una copia de documentos mucho más antiguos.

EL MAPA DE CANERIO

Como ya se ha dicho, el mapa de Piri Reis fue partido por la mitad y, por lo tanto, nos faltan la mayor parte de África y prácticamente toda Asia. Hapgood siempre esperaba hallar, si no la parte que faltaba, por lo menos un mapa análogo que pudiera informarnos sobre lo que se conocía del viejo mundo en aquellas épocas tan remotas. Sus ruegos fueron escuchados, puesto que encontró el mapa de Canerio que representa justamente la costa oriental de África. Ésta fue, por supuesto, una de las grandes emociones de su vida. Dejémosle, pues, la palabra:

En medio de África aparece una rosa de los vientos de gran tamaño, que es con toda certeza el centro del portulano. No me pareció que la misma estuviera marcada sobre un paralelo o sobre un meridiano significativo y, por tanto, me resultaba imposible trasladarla a la proyección del mapa de Piri Reis, hasta el momento en que me di cuenta de que el mapa estaba orientado en 11° 1/4 al Este con referencia al norte geográfico, es decir, que estaba apuntando hacia el norte magnético. Resultó sencillo girar la carta en torno a su centro (la rosa de los vientos) y en dirección al Oeste para encontrar el norte verdadero. Y entonces el centro del mapa se situó sobre el ecuador y sobre el meridiano de Alejandría.

Se trataba de un descubrimiento extraordinario. Constituía la mejor prueba posible en favor del origen alejandrino del mapa. Demostraba también que el mapa, en sus orígenes, había estado orientado hacia el Norte verdadero y que la orientación hacia el Norte magnético había sido introducida probablemente por De Canerio o por algún otro geógrafo en una época relativamente moderna. (Véase figura 3, fuera de texto.)

Se comprende el entusiasmo de Hapgood en cuanto a que el viaje a través de los viejos mapas, decididamente tiene algo de fantástico. Quede bien entendido — esto ya parece una cantilena — que nadie, en aquella época, era capaz de construir un mapa de ese tipo. En lo concerniente al Mediterráneo, el mapa reproduce visiblemente el portulano de Dulcert, llamado también el portulano inicial de Nordenskjöld. El error de latitudes medido en once emplazamientos diferentes (1) nunca va más allá de medio grado (Gibraltar, costa norte de Cerdeña, Sicilia, Chipre, Egipto, el cabo Bon, Bengasi, Lesbos, el Bósforo, Sebastopol y Batum). Sin embargo, hay otras zonas en el mapa que no son tan exactas. Varios puntos de la costa oeste de África, del cabo de Buena Esperanza al delta del Níger, están marcados 4° hacia el sur. Entre el

(1) Ver, al final de este capítulo, las coordenadas de estos emplazamientos.

cabo de Buena Esperanza y Gibraltar, el error en la latitud alcanza los 5° 5'. Al contrario, los errores en la longitud son mínimos, alcanzando los 5° 5' para todo el largo de África.

Hapgood intentó probar si una corrección simple no podría reducir esos errores, apelando a la trigonometría esférica para llevar a cabo los cálculos de grados. Como los errores en latitud aumentaban a medida que el mapa se iba alejando del ecuador, se podía pensar, igual que con la carta de Piri Reis, en realizar un entramado de mallas rectangulares en vez de cuadradas. Paso por alto los cálculos de Strachan y sus colaboradores para decir que esas correcciones, una vez aplicadas, demostraban que el error en latitudes, desde el cabo de Buena Esperanza a Londonderry en Irlanda, es de 1° y que también es de 1° el error en las longitudes.

Por otro lado, en 1471, treinta y un años antes del mapa de De Canerio, los portugueses no habían llegado aún a la desembocadura del Níger. En 1484, Diego Cão llega al Congo. Bartolomé Díaz dobla el cabo de Buena Esperanza en 1488, es verdad, pero sin trazar ningún mapa. Llegamos entonces a Vasco da Gama, que dio la vuelta alrededor de África (1497-1499). De todos modos, su finalidad no era describir la costa, sino alcanzar la India. La mayor parte del tiempo, salvo breves escalas, Vasco da Gama tenía la costa africana fuera del alcance de la vista. Y no hubiera podido determinar las longitudes.

LOS VIEJOS MAPAS DE EXTREMO ORIENTE

En todo esto que acabamos de ver, no se ha planteado ninguna pregunta respecto al Extremo Oriente. Hapgood no había hallado más que dos portulanos interesantes concernientes a aquella región. Uno de ellos, es muy poco de fiar, según mi punto de vista. El otro, un antiguo mapa chino, es asombroso.

El mapa de Jorge Reinel (1510) representa el océano Índico con mucha exactitud. El detalle más curioso es el principio de los contornos de una gran isla dibujados en la región que corresponde a Australia, excepto por el hecho de que esa isla está demasiado al Norte y además parece deformad.a De todos modos, Hapgood tuvo la ocasión de examinar la proyección del globo terráqueo centrada en El Cairo que las Fuerzas Aéreas americanas habían tenido oportunidad de llevar a cabo durante la última guerra. En este caso, Australia tenía justo el mismo aspecto que muestra en el mapa de Reinel. Por supuesto, y parece superfluo señalarlo, ningún portugués tenía la menor noción de la existencia de Australia en 1510.

En el gran trabajo de Needham *Science and Civilisation in China*, aparece reproducido un notable mapa de China, grabado en piedra en 1137 (que ya se conocía mucho tiempo antes). Hapgood lo estudió aún más de cerca y comenzó por determinar el largo de los grados de latitud y de longitud basándose en puntos fácilmente identificables sobre el mapa. Había más de uno, por lo menos en el interior, dado que las costas aparecen demasiado descuidadas en ese mapa. Las latitudes y las longitudes del antiguo mapa no difieren en más de un grado de las coordenadas modernas y a veces, no difieren en nada. Por lo tanto, no pudo haberse trazado de otra forma que empleando la trigonometría esférica; así es que no hay más remedio que adoptar la misma conclusión a la que llegó Hapgood:

«Me parece que este mapa es una prueba de la existencia, en tiempos muy remotos, de una civilización mundial en la cual los cartógrafos trazaban sus mapas del mundo con un mismo nivel de tecnología, con los mismos métodos, con el mismo conocimiento de las matemáticas y probablemente con el mismo tipo de instrumentos...» No se podría haber dicho lo mismo de mejor manera.

LOS MAPAS DEL NORTE DE EUROPA

Hapgood sacó a luz, a este respecto, cuatro documentos en los cuales el acuerdo respecto a ciertos puntos es alarmante. Uno es el mapa de Zenón (1380); otro el de Claudio Ptolomeo, publicado en el siglo XV; otro el portulano de Andreu Benincasa (1508), y otro el de Yehudi Ibn ben Zara (1487).

En dos palabras, he aquí cuáles son sus características principales:

Groenlandia está representada libre de hielos en su mayor parte en el mapa de Zenón y en el Claudio Ptolomeo. En el mapa de Zenón (muy exacto desde el punto de vista de las longitudes y las latitudes), se ven cadenas de montañas al Norte y Sur, y una gran planicie en el centro. Es cierto que los sondeos de Paul-Émile Victor demostraron que, en realidad, el mar divide Groenlandia en dos partes. Pero Hapgood hace notar (creo que con razón) que antes de la glaciación muy bien podía existir una franja de tierra entre las dos zonas montañosas, la del Norte y lo del Sur. Habría sido bajo la inmensa presión del «inlandis», de varios kilómetros de espesor, cuando la superficie de la gran plataforma central se habría perdido bajo el mar.

En el mapa de Ptolomeo (muy inexacto desde el punto de vista de las longitudes) se ve Groenlandia invadida en el Norte por una enorme masa que se prolonga en ramales hacia el Sur y a la cual el cartógrafo trató artísticamente haciéndola destellar como si se tratara de hielo al sol. Este hecho es aún más curioso, puesto que representa por todas partes lagunas y ríos, tratados de una manera muy convencional. De todos modos, el mapa de Ptolomeo es endiabladamente malo y creo que no sería prudente sacar demasiadas conclusiones del mismo. Pasemos entonces a los mapas de Benincasa y de Ibn ben Zara, que son, por el contrario, notablemente buenos. ¿Sabían ustedes que Ibn ben Zara tenía la manía de señalar todas las islas por pequeñas que fueran y que ni siquiera olvidó, por ejemplo, la de Ré, la de Olerón y Belle-Île en las costas de Francia? En cuanto al resto, todas las indicaciones que dan esos dos mapas sobre el Mediterráneo son desde todo punto de vista modernas y muy exactas.

Pero consideremos el norte de Europa. Es allí donde aparecen masas de contornos bastante netos, una de las cuales correspondería al mar Báltico, salvo porque tiene una orientación este-oeste del todo absurda, con una gran isla que no ha existido nunca y porque el Báltico era, con toda certeza, perfectamente conocido en los tiempos de Benincasa y de Ibn ben Zara. Hapgood ha emitido, al respecto, una hipótesis asombrosa. ¿Serían ésos los restos de antiguos glaciares a punto de fundirse? Lo confuso es que el casquete glaciar de Suecia nunca tuvo esa disposición este-oeste, como Hapgood señala, por lo menos desde los años 7000 y 8000 antes de J. C. En cambio (me refiero al mapa trazado por Hapgood), alrededor del año 12000 antes de J. C. había allí alguna cosa que se parecía mucho a la masa representada por nuestros dos cartógrafos.

Volvamos al mapa de Ibn ben Zara. Es indudablemente notable en relación al mar Egeo, en el cual están representadas no sólo todas las islas que conocemos —y ubicadas en sus lugares exactos, desde luego—, sino también algunas otras, sin contar con que las islas conocidas son, a menudo, bastante más grandes que en la actualidad, como si el nivel del Mediterráneo hubiera sido más bajo en aquella época remota. En realidad, como sabemos, se han producido importantes variaciones en el nivel de los mares, y justamente, durante las glaciaciones, el nivel debió de ser más bajo, pues no pudo alcanzar cotas más altas que el nivel de los vaciados de los hielos, otro hecho que nos impulsa a creer en la enorme antigüedad de nuestros viejos documentos. (Véase figura 4, fuera de texto.)

CONCLUSIÓN EN FORMA DE HIPÓTESIS

Todo hombre de buena fe cuyo cerebro no esté irremediablemente bloqueado por la esclerosis «racionalista» (!), no puede dejar de sentirse preocupado por los estudios tan concienzudos y penetrantes del profesor Hapgood. ¿Permiten estos estudios que se saquen conclusiones? Probablemente no, aunque en este libro mi intención no es de ningún modo sacar conclusiones, sino solamente hacer preguntas y probablemente ayudar al nacimiento de algunas investigaciones científicas que podrían llevarse a cabo en un cierto número de direcciones «tabú».

No se pueden sacar conclusiones, sobre todo porque nuestra ignorancia respecto a la Antigüedad es muy grande. Y no hablo de la hipotética civilización primordial de la cual se ha hablado al principio de este capítulo, sino también de la Antigüedad clásica. La biblioteca de Alejandría, esa ciudad de la que tanto hemos hablado, fue fundada por Alejandro tres siglos antes de J. C. y contenía, probablemente, un millón de volúmenes. Y César la incendió o la dejó incendiar, no lo sabemos con certeza. Pero fue restaurada y muy aumentada después de César. Y en esta ocasión fueron los cristianos, fanatizados por un obispo loco, los que volvieron a incendiarla. Sin embargo, aún se conservaban libros; un califa árabe dispuso de ellos en el siglo VII y se sirvió de inestimables volúmenes, según dice, para calentar el baño de los guerreros del desierto. La biblioteca de Cartago, que debía contener 50 000 volúmenes, fue igualmente librada a las llamas por los romanos 146 años antes de J. C. Y en esta ocasión, fue todo el tesoro de las ciencias fenicias el que se fue convirtiendo en humo por puro placer de un conquistador celoso.

Es cierto que no sabemos casi nada —contrariamente a la idea generalmente sostenida— respecto a la Antigüedad clásica. El único tratado original de Aristóteles que poseemos es la *Constitución de Atenas*, y todo lo demás fue redactado por sus oyentes. En cuanto a Platón, ¿sabemos acaso si sus inmortales *Diálogos* no son otra cosa que trabajos de vulgarización? Todo el resto ha desaparecido. No se conserva más que el diez por ciento de las obras de Esquilo, de Eurípides y de Sófocles.

Así, pues, no podemos hablar de lo que verdaderamente sabían los antiguos. Que ellos conservaban el recuerdo de una ciencia infinitamente más vieja y más avanzada que la suya es todo lo que creemos adivinar. Hay ciertas alusiones aquí y allá, pero nunca son del todo precisas. Estamos reducidos a unos indicios cuya búsqueda acaba de empezar.

Sin embargo, ya es lo suficiente rica. Un ejemplo son los resultados de Hapgood. El más asombroso de estos resultados es la comprobación de la ceguera selectiva que ha afectado a los historiadores de las ciencias frente a hechos que saltan a la vista. Tomemos los portulanos de Dulcert, de Benincasa y de Ibn ben Zara, y veremos que las gentes de la Edad Media no podían trazar estos mapas tan precisos. Es una imposibilidad absoluta, todo el mundo está de acuerdo. No obstante, ellos poseían estos mapas que no podían proceder más que de otras partes. Y he aquí la situación paradójica sobre la cual se ha evitado cuidadosamente hacerse preguntas.

Y los mayas, que midieron la duración del año tropical (365,2420 días), conocían también la duración del año lunar habiendo llegado a una precisión que alcanza el cuarto decimal (en cifras modernas: 365,2423 días). Los caldeos conocían por su parte la duración del año sideral habiendo fallado solamente en dos segundos. Todo esto sin relojes ni instrumentos. Parece imposible, pero es verdad. O poseían unos instrumentos tan precisos como los nuestros (pero, ¿cómo admitirlo?) o lo habían aprendido en otra parte...

He llegado a la conclusión de que hay razones para esperar. Puesto que los indicios son tan evidentes que no pueden escapar siquiera a los investigadores que no se preocupan y que no trabajan por descubrirlos, ¿qué resultados se obtendrán si la búsqueda se hace consciente y metódica y si los hombres de ciencia dejan de demostrar, ante cualquier hecho —verdaderamente— nuevo el miedo cerval que tan a menudo demuestran sentir?

ANEXOS

TABLAS GEOGRÁFICAS DE LAS CORRESPONDENCIAS
LA MÁQUINA DE ANTIKYTHERA

Nosotros no reproducimos aquí más que las principales coordenadas. Para más detalles, véase el libro de Hapgood, *Maps of the ancien Sea Kings.*

MAPA DE PIRI REIS DE 1513

LOCALIDAD	POSICIÓN REAL	COORDENADAS PIRI REIS	ERRORES
ÁFRICA			
Islas Bijagos	11,0 N 16,0 W	10,0 N 15,0 W	1,0 S 1,0 E
Río Gambia	13,5 N 16,5 W	13,0 N 16,0 W	0,5 S 0,5 E
Dakar	15,0 N 17,0 W	14,0 N 17,5 W	1,0 S 0,5 W
Río Senegal	16,0 N 16,5 W	15,0 N 16,0 W	1,0 S 0,5 E
Cabo Blanco	21,0 N 17,0 W	21,0 N 18,0 W	0,0 1,0 W
EUROPA			
Gibraltar	36,0 N 5,5 W	35,0 N 7,0 W	1,0 S 1,0 W
Guadalquivir	37,0 N 6,3 W	37,0 N 7,0 W	0,0 0,7 W
ISLAS NORATLANTICAS			
Islas de Cabo Verde	15-17 N 22-25 W	14-19 N 23-29 W	0,0 0,0
Azores	37-39 N 25-31 W	36-40 N 25-32 W	0,0 0,0
EL CARIBE			
Cuba Golfo de Guacanaybo	20,5 N 77,5 W	18,0 N 88,0 W-4,0	2,5 S 7,5 W

MAPA DE ORONTEUS FINAEUS DE 1531

Localidad	Posición real	Coordenadas Oronteus Finaeus	Errores
TIERRA DE LA REINA MAUD			
Montañas de Muhlig-	71-73 S	70-71 S	0,0
Hofmann y Wohlthat	0,15 E	10-15 E	0,0
Montes Sor Rondanne y Bélgica	72,0 S	72-73 S	0,0
	22-33 E	20-30 E	0,0
Costa del príncipe Harald, bahía	69-70 S	70,0 S	0,0
de Holm, glaciar de Shirase	35-40 E	35-37 E	0,0
Montes Nye, Sandercook	73,0 S	72-73 S	0,0
Nunataks	49,0 E	50,0 E	1,0 E
TIERRA DE VICTORIA Y MAR DE ROSS			
Banco de hielo de Newnes	73,5 S	74,0 S	1,0 S
y glaciar	167,0 E	170,0 E	3,0 E
Ross I (monte Erebus)	77,5 S	76,5 S	1,0 S
	168,0 E	172,0 E	4,0 E
Glaciar Beardmore	84-85 S	82-84 S	0,0
	170,0 E	170 E - 170 W	c. 0,0
Bahía sin nombre, lado oeste	80-81 S	77,5 S	3,0 N
del mar de Ross	150,0 W	150-160 W	c. 0,0

PORTULANO DE DULCERT DE 1339

Localidad	Posición real	Coordenadas Dulcert	Errores
Gibraltar	36,0 N	34,9 N	1,1 S
	5,5 W	5,0 W	0,5 E
Cagliari, Cerdeña	39,0 N	37,0 N	2,0 S
	9,0 E	9,5 E	0,5 E
Cabo Bon, Tunicia	37,0 N	36,0 N	1,0 S
	11,0 E	11,5 E	0,5 E
Cabo Passero, Sicilia	36,5 N	35,5 N	1,0 S
	15,0 E	15,0 E	0,0
Bengasi, Libia	32,0 N	30,0 N	2,0 S
	20,0 E	20,0 E	0,0
Bósforo	41,0 N	44,0 N	3,0 N
	29,0 E	28,5 E	0,5 W
Sebastopol	44,5 N	49,3 N	4,8 N
	33,5 E	33,5 E	0,0
Batum	41,5 N	45,0 N	3,5 N
	41,5 E	41,5 E	0,0
Cabo Andreas, Chipre	36,0 N	37,0 N	1,0 N
	34,5 E	35,5 E	1,0 E
Alejandría	31,0 N	supuestamente correcta	
	30,0 E	32,0 E	2,0 E
Asuán	24,0 N	24,0 N	0,0
	33,0 E	34,0 E	1,0 E

ANTIGUO MAPA CHINO DE 1137 antes de Jesucristo

Localidad	Posición real	Coordenadas mapa de 1137	Errores
CUARTO NOROESTE			
Confluencia de los ríos	38,0 N	38,0 N	0,0
Hwang y Tsingshui	106,0 E	105,5 E	0,5 W
Confluencia de los ríos	35,5 N	35,3 N	0,2 S
Hwang y Fen	110,5 E	110,5 E	0,0
Curva oriental del río	34,5 N	34,5 N	0,0
Hwang en Tali	110,0 E	110,5 E	0,5 E
Confluencia de los ríos	36,0 N	36,0 N	0,0
Hwang y Tao	103,0 E	103,0 E	0,0
CUARTO NORESTE			
Penglai	37,7 N	37,7 N	0,0
	120,6 E	119,5 E	1,1 W
Lago (Tunga), sobre el antiguo	36,0 N	35-36 N	0,0
curso del río Hwang	116,0 E	116,0 N	0,0
Chungking, confluencia de	29,3 N	29,3 N	0,0
los ríos Yangtsé y Fow	106,0 E	106,5 E	0,5 E

LA MÁQUINA DE ANTIKYTHERA

Según un antiguo prejuicio, nuestros antepasados remotos utilizaban solamente máquinas simples y no empleaban ni poco ni nada los engranajes. Fíjense ustedes en que ciertos escritos hablan de estatuas móviles que recuerdan a los autómatas (ya en la *Ilíada,* dos de estas estatuas sostienen al dios Hefaistos mientras se desplaza). Y es difícil fabricar autómatas sin emplear engranajes... Por otra parte, se podría alegar que los mecanismos metálicos, en el caso de que hubieran existido, habría sido difícil que se conservaran. Por último, existiendo entre los griegos y los romanos un desprecio universalmente difundido hacia la ciencia de la ingeniería y hacia la técnica, consideradas como infinitamente menos nobles que la filosofía, las máquinas no debían interesar a nadie y los esclavos, además, realizaban servicios mucho más prácticos. Por lo tanto, no existieron máquinas verdaderamente interesantes en la Antigüedad.

¿Y si todo esto fuera falso, o por lo menos muy exagerado? Se olvida que junto a la Academia del Liceo y al Pórtico se encontraban bibliotecas, colecciones de historia natural e incluso laboratorios donde se ensayaba, principalmente, restituir el movimiento de las esferas celestes (1). Es imposible poner en movimiento algunos globos de metal o de madera sin emplear engranajes. A decir verdad, se sabe que los griegos los empleaban (por ejemplo el taxímetro, que es una invención griega), pero eran muy sencillos.

Todo esto, sin embargo, se ha visto trastocado en nuestras concepciones por el descubrimiento del objeto o de la máquina de Antikythera, sacada del mar por unos pescadores, en 1900, junto a la isla de Antikythera. Unos pescadores de esponjas del Dodeca-

(1) Ver Rivaud (A.): *Historia de la Filosofía* (París, P.U.F., 1963-67).

neso habían sido sorprendidos por la tempestad junto a una pequeña isla del sur de Grecia, Antikythera. Se zambulleron y descubrieron, a una profundidad de cerca de 70 metros, los restos de un navío antiguo. De allí fueron retiradas numerosas y bellas estatuas de bronce y de mármol. Las búsquedas fueron suspendidas en 1901. Algunos meses más tarde, el arqueólogo V. Stais, del Museo Nacional griego, examinó algunos trozos de bronce fuertemente corroído que habían sido retirados del navío y apartados posteriormente por creerse que se trataba de una parte de una estatua y que podían servir para repararla. Y de golpe, con estupor, el arqueólogo comprobó que se trataba de un mecanismo, y de los más complejos. ¡Y había sido hallado en una galera que navegaba alrededor del año 80 antes de J. C.! Además, es posible fácilmente adjudicar una fecha al objeto, a causa de las inscripciones que se encuentran grabadas encima del mismo. Según el epigrafista B. D. Merrit, la forma de las letras corresponde al siglo I antes de J. C. Por otra parte, la zona de la inscripción que está mejor conservada corresponde a un *parapegma* o calendario en todo semejante al de Geminos de Rodas, que floreció alrededor del año 77 antes de J. C. Estas precisiones son necesarias porque, en principio, un cierto número de arqueólogos, estupefactos, intentaron sostener que se trataba de un mecanismo moderno tirado al mar y que había caído, por casualidad, entre los restos del navío griego.

A pesar del espesor de las concreciones calcáreas que envolvían al objeto, se podía observar bastante como para comprender que se trataba del mecanismo más complejo de la Antigüedad. No había más que hacer que intentar averiguar de qué se trataba, después de limpiarlo empleando los métodos más sutiles de la Arqueología.

Las inscripciones permitían reconocer que se trataba de un instrumento astronómico, probablemente una especie de astrolabio. En 1955, De Solla Price pudo examinar el mecanismo casi enteramente limpio y para descifrar las inscripciones obtuvo la ayuda del epigrafista griego Jorge Stamires. Una suerte increíble les favoreció. Hasta entonces se había supuesto que el mecanismo estaría aplastado y deforme por su larga permanencia en el fondo del mar y sufriendo sin duda el peso de otros objetos encima, pero en el mecanismo todo estaba en su lugar o poco menos.

LAS INSCRIPCIONES

Son muy numerosas, pero por lo general se encuentran en un estado lamentable. Figuran sobre las puertas, delante y detrás del aparato. Se ha llegado, de todos modos, a descifrar una parte de ellas. El sol es mencionado en muchas ocasiones. Venus en una ocasión y hay expresiones que tratan de las estaciones y de las regresiones de los planetas. Y a la eclíptica también se la menciona, lo mismo que a los índices móviles que figuran sobre los círculos graduados. Una inscripción señala: «79 años, 19 años», y se remite seguramente al ciclo calípico (1) de 76 años, que corresponde a cuatro veces el cielo metónico de 19 años, o sea, de 235 meses lunares.

LA MECÁNICA

Las ruedas dentadas están montadas sobre una placa de bronce. A un lado de la placa el montaje es muy claro, pero el otro lado resulta muy difícil de interpretar. Un gran eje atraviesa todo el aparato y es sobre este eje donde está fijada la rueda dentada más grande que gobierna por sí misma muchos otros sistemas de ruedas dentadas más pequeñas. Hay también tres círculos graduados que pueden moverse independientemente. En uno están indicados los signos del zodíaco; en otro, los meses del año. Un índice que está en relación con la gran rueda dentada muestra los desplazamientos del sol en el Zodíaco. Unas letras que remiten a las leyendas inscritas sobre el aparato permiten también leer, en el círculo zodiacal, las salidas y las puestas de las constela-

(1) Calipos, astrónomo griego (principios del siglo IV antes de Jesucristo), modificó el ciclo metónico estableciendo un ciclo lunar de cuatro veces 19 años, menos un día del total.

ciones y de las principales estrellas. Pero en el fondo del aparato se encuentran otros cuadrantes no completamente limpios y menos legibles; uno está formado por tres círculos móviles y otro por cuatro. Además, cada uno posee un pequeño cuadrante suplementario inscrito en el interior del gran cuadrante parecido a los cuadrantes suplementarios de un reloj. Los grandes cuadrantes tienen divisiones que corresponden a 6°, con letras y números. Parece que al menos en uno de los cuadrantes se puede leer: «La luna a tal hora; el sol a tal hora.» Parece que se trata de la salida y la puesta del sol y de las fases de la luna. Sobre el cuadrante que hay encima, las inscripciones son más numerosas y el arqueólogo americano De Solla Price estima que puede tratarse de referencias a las salidas, a las puestas y a las regresiones de los principales planetas.

DETALLES SOBRE LA CONSTRUCCIÓN DEL INSTRUMENTO

En primer lugar, los círculos graduados son los únicos elementos que se conocen, respecto a la Antigüedad, de un instrumento que tiene una graduación precisa. Se comprende, por tanto, la enorme importancia que tiene el objeto de Antikythera. Pero examinemos un poco la técnica empleada. Todo ha sido troquelado en una sola y única placa de bronce de más o menos dos milímetros de espesor. Todos los dientes de la rueda están modelados según un ángulo de 60° y, por consiguiente, es posible colocar las ruedas unas dentro de otras. Pero, sobre todo, se tiene la certeza de que la máquina fue utilizada, pues fue reparada en dos ocasiones. Una de estas reparaciones incluye la soldadura de un diente para remplazar a otro que se había quebrado en la periferia de una de las ruedas.

Si medimos la precisión de las graduaciones al microscopio, se puede comprobar que es del orden de un cuarto de grado. Es reconocible que primero se determinaron geométricamente unas grandes divisiones las cuales fueron luego subdivididas. En efecto, ¿cómo pudieron los artesanos griegos fabricar ruedas dentadas por docenas sólo para este aparato sin la ayuda de una máquina de dividir muy precisa, de una máquina herramienta muy elaborada? Puesto que las ruedas dentadas de tamaño pequeño no tienen unos dientes muy regulares, no pueden girar en absoluto.

Esto es así, pese a lo que pueda decirse en contrario.

Pero lo más importante es que uno de los cuadrantes permite conocer la fecha astronómica del aparato. Éste posee, en efecto, un cursor graduado que sirve de punto de referencia para los meses. Y hacía buena falta toda vez que el antiguo calendario egipcio estaba equivocado en un cuarto de día por año y se hacía necesario, por lo tanto, ajustar la escala de los meses a esa cantidad. Ahora bien, el cuadrante y el cursor están desplazados en 13 grados y medio. Los cálculos demuestran que este desplazamiento no pudo ocurrir exactamente sino 82 años antes de J. C. y (al desconocer nosotros el mes en cuestión, ya que su anotación sobre el cuadrante está borrada) sólo 120 años antes o después de esa fecha. Sin embargo, desde el punto de vista arqueológico, 200 años antes de J. C. es muy pronto y 40 años después de J. C. muy tarde, es decir, que la fecha del 82 antes de J. C. es la más aceptable.

EL OBJETO DE ANTIKYTHERA Y LA EVOLUCIÓN DE LOS RELOJES

Como muy bien señala el arqueólogo americano De Solla Price, a lo que más se parece el objeto de Antikythera es a un reloj astronómico sin balancín y sin escape. Pero es más probable que fuera utilizado como una máquina de calcular. Haciendo mover las grandes ruedas dentadas y desplazando los cursores se pueden obtener instantáneamente numerosas informaciones sobre las fases de la Luna, la posición de los planetas, etc. Ahora bien, los relojes, contrariamente a otros mecanismos, no han evolucionado de lo simple a lo complejo, sino en sentido inverso. Los primeros relojes eran los más complicados porque los movimientos de los planetas y de las estrellas tenían tanto que ver con su mecanismo como la simple medición del tiempo. No es hasta mucho más tarde cuando la necesidad de medir el tiempo se impone y los relojes se simplifican. Ya una máquina islámica del siglo XIII, que se halla en el Museo de Ciencias de Oxford, indicaba los ciclos del Sol y de la Luna y, sin embargo, esta máquina es bastante más sencilla que la máquina de Antikythera. Otro mecanismo, descrito por Al Biruni hacia el año 1000, y con la misma finalidad que el anterior, es también bastante simple. Es interesante hacer notar que estos instrumentos utilizan también dientes de 60° y que muchos detalles de su construcción los hacen semejantes a la máquina de Antikythera. Era éste el momento en que la ciencia islámica bebía en las fuentes griegas utilizando más de un documento desconocido de los europeos de aquella época.

CONCLUSIÓN

Nada más que por sí mismo, como ya he dicho, el objeto hallado en Antikythera debería encaminarnos a hacer una revisión completa de nuestros pretendidos conocimientos sobre la tecnología antigua. Durante mucho tiempo hemos vivido creyendo que los antiguos no utilizaban máquinas en absoluto, o que las utilizaban menos que nosotros, pues disponían de esclavos que las remplazaban con creces. Pero cuando las necesitaban no dudaban en construirlas. Se ha estudiado muy ligeramente todo lo referente a las máquinas de que Arquímedes fabricó para Siracusa y se ha llegado a decir que los tiranos de Sicilia se interesaban más por las máquinas que los demás griegos. Si bien se ignora cómo hizo Arquímedes para prender fuego a los veleros romanos, lo que es seguro es que los incendió, aunque de ningún modo se hubiera valido de la ayuda de espejos cóncavos. Fue en esa misma Sicilia, también, donde Arquitas de Tarento (1) hizo volar un pájaro mecánico. En realidad, los escritos antiguos están plagados de pretendidas leyendas que hablan de autómatas, de cabezas parlantes y no sé de qué más. Pero, ¿se trataba verdaderamente de leyendas? El objeto de Antikythera permite ponerlo en duda.

Me divierto imaginando las máquinas que hubieran podido construir los antiguos con los medios de que disponían y con la

(1) Arquitas de Tarento (440-360), filósofo pitagórico, astrónomo y matemático griego. Se cree que inventó la polea y el tornillo. Fue uno de los maestros de Platón.

ayuda de unos artesanos tan excelentes como los que construyeron el objeto de Antikythera. El fonógrafo, por ejemplo (sin duda alguna, un griego de ingenio pudo haber tenido perfectamente la misma intuición que tuvo Edison, y pudo haberla realizado tan bien como él). Las máquinas de electricidad estática, apropiadas para lanzar grandes chispas en medio de un estrépito sorprendente (muy útiles para un sacerdote que quisiera aterrorizar a los fieles), fáciles de construir en un clima seco como el de Grecia: no hace falta más que un disco giratorio, de ámbar o de azufre si no se dispone de vidrio, que se frota contra un trapo de lana. Y toda clase de autómatas, por supuesto. ¿Se han olvidado ya los pájaros artificiales que jugueteaban en el palacio del basileus en Bizancio y que tanto sorprendieron a los cruzados? ¿Y un edicto de aquel mismo basileus prohibiendo la utilización de numerosas máquinas movidas por energía hidráulica, dado que esto provocaba el desempleo?

La historia no se ha desarrollado como nosotros creemos. Ha habido numerosas tentativas en muchas más direcciones de las que podemos imaginar. ¿Cómo es posible que en una ciudad como Babilonia, que ha durado 3 000 años (más que nuestra civilización), disponiendo de templos provistos de ricas bibliotecas, de sacerdotes instruidos secundados por los más hábiles artesanos y todo esto durante treinta siglos, no se le hubiera ocurrido a nadie inventar algo, fuera lo que fuera?

STONEHENGE

Todos los esoteristas creen que han existido una o varias civilizaciones antes que la nuestra y que en estas civilizaciones la tecnología y los conocimientos eran iguales o superiores a los nuestros. Sus cuerpos y sus bienes habrían desaparecido a causa de catástrofes naturales o provocadas, que algunos se precian de fechar e incluso de describir... Sean lo que sean estas afirmaciones generalmente excesivas, la posibilidad de la existencia de civilizaciones anteriores a la nuestra, bastante más adelantadas que aquellas que nos han dejado huellas, no puede ser descartada de golpe. Sigamos buscando indicios. Algunos de entre los mismos, si bien no aportan ninguna prueba convincente, forman, en conjunto, algo inquietante. Y entre todos ellos, está Stonehenge, ese círculo de piedras gigantescas construido al menos quince siglos antes de J. C., cerca de Salisbury, en Inglaterra. Este enorme monumento ha intrigado a los arqueólogos de todas las épocas, pero he aquí que ahora alguien se pregunta si no se tratará de una especie de ordenador gigante, de una simplicidad genial, para poder calcular, con la ayuda de manipulaciones muy sencillas, la fecha de los eclipses y de toda una serie de fenómenos astrológicos. ¿Y quién es el que hace esas preguntas? Ni más ni menos que el famoso Fred Hoyle (1), uno de los astrónomos más conocidos del mundo. Por supuesto, al obrar de este modo Hoyle se ha echado encima numerosas tempestades y se ha ganado multitud de injurias.

El monumento en sí mismo es tan impresionante que le ha

(1) Fred Hoyle es profesor de astronomía en Cambridge (Massachussets), profesor de astrofísica en el Californian Institute of Technology, escritor de novelas de ciencia-ficción. Cf. su *Astronomy* (Londres, Rathbone Books, 1962).

sido agregado todo tipo de leyendas. Ya Geoffrey de Monmouth, en su *Historia Regum Britanniae* (1136), indica que las grandes piedras fueron transportadas desde Irlanda por la magia de Merlín el Encantador (¿y si tradujéramos: por la magia, incomprensible para los salvajes, de un sabio ingeniero?). Estas piedras están formadas por una especie de arenisca de la cual hay varias canteras a una veintena de kilómetros al Noroeste, cerca de Avebury. Pero estas piedras no son las únicas, ya que el círculo central de Stonehenge, igual que las construcciones centrales (el «Altar») son de origen volcánico, de cuatro variedades distintas por lo menos, y absolutamente desconocidas en la región. Tres de estas variedades deben proceder del monte Prescelly, en Pembrokeshire, a más de 200 kilómetros a vuelo de pájaro, y la cuarta variedad de piedra del altar podría provenir de Milford Haven, aún más lejos. Algunas de estas piedras, según recientes descubrimientos arqueológicos, deben de haber sido transportadas a su lugar a fines del Neolítico, varios siglos antes de ser colocadas en el ensamblaje estructural de Stonehenge. (Véase figura 5, fuera de texto.)

LOS PROBLEMAS TÉCNICOS

Detengámonos ahora aquí, puesto que debemos hacernos unas terribles preguntas tecnológicas. Estas piedras, de las cuales la más pequeña es del tamaño de los menhires de Carnac, forman, todas juntas, un cargamento de varios miles de toneladas. ¿Cómo fueron transportadas? Sin duda, las recientes experiencias de Thor Heyerdahl en la isla de Pascua han demostrado que es posible, contando con pocos hombres y con herramientas rudimentarias, poner de pie unos colosos de piedra tan pesados como los menhires de Stonehenge. Sin embargo, Heyerdahl no ha resuelto el problema del transporte de esos bloques a través de la isla, donde las distancias son infinitamente más cortas que entre Stonehenge y los montes de Pembrokeshire. En fin, todo es posible si se dispone de bastantes hombres, pues los faraones de Egipto lo han demostrado con creces. Pero, ¿dónde están los hombres, en Stonehenge, al final del Neolítico? No había más que algunas poblaciones de pocos centenares o de pocos miles de individuos, muy ocupados en su propia subsistencia, sin ciudades, sin aglomeraciones importantes. ¿Dónde están, una vez más, los innumerables obreros del faraón?

EL PLAN DE STONEHENGE

Aunque el transporte de las piedras no es todo. Stonehenge tiene un plan preciso, y este plan es lo que ha llamado la atención de muchos sabios y curiosos. Es tan raro y a la vez tan preciso que es imposible que no haya correspondido a un diseño determinado por arquitectos.

A primera vista hay un foso circular que se interrumpe al Nordeste, donde se halla la entrada a la obra.

Un talud flanquea el foso por el lado interior.

En el interior se advierten 56 zanjas, conocidas por el nombre de «pozos de Aubrey» y denominadas así en honor de su descubridor, un cronista literario que vivió de 1626 a 1697.

Otras dos filas de zanjas (las zanjas Z e Y), actualmente invisibles en la superficie, se hallan entre los pozos de Aubrey y el primer círculo de piedras.

Los círculos de piedra son dos, uno externo y otro interno, las cuales contienen otras dos filas de piedras en forma de herradura, también una externa y otra interna, de las cuales algunas están unidas, además, por un dintel de piedra.

Por último, hay piedras solitarias: la piedra de Hele, en la avenida de acceso desplazada hacia la derecha (mirando hacia Stonehenge); dos piedras «de estación», al Nordoeste y al Sudeste, justo contra el talud; la piedra del Sacrificio, justo a la entrada, y la piedra del Altar en el medio de la construcción.

El monumento más antiguo es el foso con su talud, igual que los pozos de Aubrey y la piedra de Hele. Los pozos de Aubrey forman un círculo de un centenar de metros de diámetro y se hallan espaciados cada seis metros aproximadamente. Han sido intencionadamente rellenados con pedazos de piedra calcárea y con cenizas, y la mayoría contiene esqueletos humanos quemados.

Se podrían dar muchos más detalles sobre las otras piedras de Stonehenge y en particular sobre el esmero con que han sido ensambladas (mediante muescas y espigas) las «trilitas» de la herradura exterior, es decir, los diez megalitos cuyos extremos están unidos por un dintel de piedra. Los desconocidos arquitectos otorgaron un largo apenas superior a la parte alta que a la parte baja, de manera de corregir el error de perspectiva que nos hace ver un monumento elevado como inclinado hacia el interior, mientras que, desde su base, se lo ve hacia el exterior. Refinamientos de este tipo no eran conocidos más que por los arquitectos cretenses y la erección de las trilitas es justamente contemporánea de aquéllos. (Véase figura 6, fuera de texto.)

Pero lo esencial de la discusión está relacionado fundamentalmente sobre la parte más antigua del monumento, es decir, los pozos de Aubrey y con la piedra de Hele.

Desde el principio siempre se ha dado por descontado que Stonehenge era un monumento más o menos solar o astronómico. Incluso la *Encyclopedia Britannica* que descuella en todo por su falta de imaginación, acepta que el eje de simetría de Stonehenge se alinea con el punto del cual se eleva el Sol en el solsticio de verano. Sin embargo, no ha sido hasta fechas muy recientes que los astrónomos comenzaron a apasionarse por Stonehenge. Como ha dicho Henri de Saint-Blanquat en un artículo muy interesante aparecido en *Sciences et Avenir:*

El caso se inició en aquel amanecer de junio de 1961 cuando un astrónomo de Boston y su mujer llegaron al emplazamiento de Stonehenge para asistir a la aparición del Sol. El Sol se levantó, en efecto, y, desde su ubicación en el centro del monumento, el profesor Gerald Hawkins y su mujer lo vieron aparecer en la dirección nordeste, por detrás de un bloque que se encuentra en la avenida de acceso.

UNA CONTROVERSIA APASIONANTE

A partir de Hawkins, Hoyle y mucho otros iniciaron una discusión encarnizada con los arqueólogos sobre el significado astronómico de las piedras y de las zanjas de Stonehenge hasta el punto de que una señorita, Jacquetta Hawkes, arqueóloga de su Estado, «demolió» a los astrónomos, o creyó demolerlos con sus cálculos fantásticos...

Pero antes de seguir adelante, y procurando aclarar la controversia, veamos sus trasfondos psicológicos y técnicos. Es evidente que un 50 por ciento de la querella respecto a Stonehenge podría resumirse en una frase, proferida por los arqueólogos: «¿Qué vienen a hacer a nuestro coto de caza esos asnos de astrónomos, que ignoran la Arqueología?» Y es muy cierto que Hoyle no sabe mucho de Arqueología, aunque Hawkins se ha tomado la molestia de informarse. Sin embargo, el sistema de un especialista que súbitamente se interesa por una especialidad distinta a la suya, es siempre el mismo: descuida los detalles. Observen, si no, a Pasteur frente a las enfermedades de los gusanos de seda. Pasteur lo ignoraba absolutamente todo respecto a la biología de los gusanos. No obstante, consiguió curar la enfermedad. Y no estoy del todo seguro que cuando consiguió curar la rabia supiera tanto sobre sus síntomas como los médicos que lo contradecían. Y, a decir verdad, ¿qué era lo que estos médicos le reprochaban sino precisamente el hecho de no pertenecer a su cofradía? Y henos ahora de vuelta en Stonehenge.

Desde el principio, los cálculos de Hawkins y de Hoyle se basaron en los planos de Stonehenge, a partir de los cuales trazaron las líneas de mira. Ahora bien, estas líneas parecían referirse a acontecimientos astronómicos precisos. He aquí un punto que sería interesante discutir, tal vez el único a mi juicio. Sin embargo, a propósito de este asunto, los arqueólogos, y sobre todo Jacquetta Hawkes profirieron lamentos ofendidos.

—Puesto que Stonehenge está formado por elementos diversos, separados a veces por varios siglos, ustedes no tienen derecho

—decían— a hacer esos cálculos partiendo de elementos tan heterogéneos.

Yo le preguntaría a Miss Jacquetta por qué. En principio, lo que importa —lo único que importa— es saber si los astrónomos, a partir del plano de Stonehenge, obtuvieron particularidades verificables y no susceptibles de ser explicadas por mero azar. Es esto lo que hace falta explicar. En lo que tiene que ver con la heterogeneidad de los elementos de la construcción, ¿por qué diablos negarse a admitir que varias generaciones de sacerdotes pudieron haber guardado viejas tradiciones y haber ido perfeccionando los conocimientos astronómicos a lo largo de los siglos? Los ejemplos de estas tradiciones celosamente conservadas son innumerables. Aún ahora, muchas mujeres que no pueden engendrar hijos suelen frotarse, en Bretaña, contra un determinado menhir, y muchas veces con éxito, según aseguran las propias interesadas. ¿Quién pondrá en duda que se trata de un viejo ritual de fecundidad procedente de la época neolítica? Sin embargo, las mujeres continúan frotándose contra el menhir, aún después de treinta siglos. Si Jacquetta me asegura que esas generaciones de sacerdotes no existen más que en mi imaginación, yo podré responderle enseñándole cierto pasaje litigioso de Diodoro de Sicilia que muy bien podría aplicarse a Stonehenge (Diodoro habla de un templo extraño de forma circular que está situado en una isla, frente al país de los celtas, a poca distancia hacia el Norte), y también que habría sido necesario que existieran unos sacerdotes o unas dinastías endiabladamente poderosos y respetados como para convencer a una banda de salvajes para que llevaran a cabo un esfuerzo semejante.

LAS TEORÍAS DE HAWKINS

Estando ahora el terreno despejado, imaginémonos a Hawkins delante de los grandes megalitos, y también a Diodoro de Sicilia, que escribió, cincuenta años antes de J. C., refiriéndose a las islas Hiperbóreas (probablemente las islas Británicas), lo siguiente:

El Dios visita la isla cada diecinueve años, periodo en el cual las estrellas regresan a los mismos lugares en el cielo. También hay en la isla *un magnífico templo de Apolo y otro templo ilustre* (...) *Los que se ocupan de estos templos son nombrados Boréadas, y se suceden siempre dentro de la misma familia.*

Ahora bien, según Hawkins, el ciclo de eclipses lunares es de 18,61 años y los pozos de Aubrey son 56, por lo tanto: 18,61 × × 3 = 55,83. Ésta es una coincidencia difícil de atribuir a la casualidad, máxime teniendo en cuenta la tradición según la cual Stonehenge «tiene algo que ver» con la Astronomía. Hawkins señala que dichas fosas materializan el ciclo de los años y de los eclipses. Para predecir estos últimos, los Boréadas no tenían más que transportar, cada año, una piedra de un pozo al otro. Hawkins demuestra también que combinando el transporte de seis piedras diferentes se podían prever, con siglos de anticipación, todos los acontecimientos lunares. El artículo de Hawkins (1) tuvo una gran repercusión, y en el periódico *IBM-News* se dijo que «es posible, después de todo, que esos viejos locos de los druidas supieran lo que estaban haciendo». (Véase figura 7, fuera de texto.)

He aquí un ejemplo traducido literalmente de Hawkins:

Una forma de emplear como ordenador ese monumento de la edad de piedra podía ser la siguiente: Coger tres piedras blancas, a, b, c, *y colocarlas en los pozos 56, 38, 19. Coger tres piedras negras,* x, y, z, *y meterlas en los pozos 47, 28 y 10. Desplazar, todos los años, cada piedra de un pozo al pozo inmediato, por ejemplo, en el solsticio de invierno o en el de verano. Esta simple operación permite predecir cada lunación importante con siglos de anticipación. Por ejemplo, a la pregunta: «¿Cuándo la luna llena se levanta por detrás de la piedra de Hele?», se puede responder así: «Cuando una piedra, no importa cuál sea, esté colocada en el pozo 56.» «¿Cuándo es que los eclipses ocurren en el equinoccio?» «Cuando hay una piedra blanca en el pozo 5.» «¿En qué años es cuando los eclipses ocurren entre el solsticio y el equinoccio?» «Cuando una piedra, no importa cuál sea, se encuentre en los pozos 3 ó 4.»*

(1) Revista *Nature*, volumen 202, 1964.

Evidentemente, estoy abreviando bastante, y también dejaré de lado los cálculos extremadamente complicados de Hawkins, para los que hace falta un ordenador, como usa todo el mundo en América. Paso de largo, especialmente, sobre el empleo de las trilitas que Hawkins sugería como un método de verificación y de corrección de ciertas alineaciones, permitiendo así enfocar los astros suplementarios.

HOYLE Y STONEHENGE

Ahora entra en escena Hoyle, que en algunos resonantes artículos publicados en *Nature* critica cierto número de argumentos de Hoyle, aunque se declara de acuerdo en lo esencial.

En dos palabras, voy a resumir quién es Hoyle para los lectores que no sepan medir en su justo alcance lo que vendrá a continuación. Hoyle es *fellow* (miembro) de la Sociedad Real, que entre nosotros equivale a la Academia de Ciencias. Es profesor de Astronomía en Cambridge, autor de innumerables trabajos y particularmente de una célebre teoría sobre el origen del Universo. Es, en este momento, uno de los cuatro o cinco grandes cerebros de la Astronomía mundial. ¿Y saben ustedes que no se avergüenza de escribir, al mismo tiempo, novelas de ciencia ficción, y excelentes, en colaboración con su hijo? ¡He aquí lo que nos lo hace simpático!

Desde las primeras palabras de su artículo de 1966, que hizo mucho ruido (1), Hoyle sitúa el problema en los únicos términos que, a mi modo de ver, son lo que realmente importan.

Supongamos —escribe— *que aterrizamos en un sistema planetario diferente, con una* Tierra, *una* Luna *y un* Sol *que no son los mismos. No llevamos más equipo que unas cuerdas, unas piedras y unos postes de madera. ¿Cómo encontraremos un medio para predecir, por ejemplo, los eclipses?*

(1) Artículo aparecido en *Antiquity*, tomo XI, 1966, páginas 262-276.

Sin duda, la primera preocupación de un astronauta que ha desembarcado en un planeta desconocido, será utilizar el movimiento aparente del Sol como forma de medir el tiempo y también para determinar una línea que vaya de Norte a Sur. En una población nómada, la posición exacta de los puntos cardinales es de una importancia suprema, mientras que para los agricultores lo esencial es el escalonamiento de las estaciones.

Y este segundo problema es más complicado que el primero. Sabemos que las estaciones provienen de la inclinación del eje de la Tierra sobre el plano de eclíptica. Sólo que, en el correr del año, la línea Tierra-Sol nunca es la misma, y la orientación del eje con respuecto al Sol también varía. Y todo esto no tiene nada que ver con la velocidad de rotación de la Tierra o, dicho de otro modo, con la sucesión de los días y las noches. Por lo tanto, para determinar las estaciones, esta sucesión de días y noches no nos ayuda nada, aunque para el hombre primitivo la misma constituía el fenómeno más evidente.

Volvamos a nuestro astronauta. Teniendo en cuenta la pobreza del material que tiene a su disposición, es necesario que construya un instrumento de gran tamaño que pueda minimizar los inevitables errores de cálculo y que lo construya sobre un plano horizontal. Supongámoslo en medio del gran círculo preparado de este modo. No puede dejar de observar que el Sol nunca se eleva dos días por el mismo lugar. Para señalar este hecho, le bastan con la más simple de las marcas. Entre mediados del verano y mediados del invierno hay un desplazamiento del orden de los 86°. Sin embargo, no es un desplazamiento regular: a mediados del verano y a mediados del invierno, el Sol parece estar moviéndose en una misma línea por lo menos durante una semana.

PRIMERA COMPROBACIÓN

Las cuatro direcciones, salida y puesta del Sol a mediados del invierno y salida y puesta del Sol a mediados del verano, están claramente indicadas en Stonehenge mediante grandes piedras, por el lado de afuera del círculo de los pozos de Aubrey. El eje norte-sur, que constituye la bisectriz de las líneas de mira centro-salida del Sol y centro-puesta del Sol a mediados del verano y a mediados de invierno, no está indicado en Stonehenge por ningún tipo de marcas particulares. Ahora bien, acabamos de ver que dicho eje no tiene importancia en relación al hecho de determinar las estaciones.

Pasemos a la Luna. La Luna también muestra salidas y puestas regularmente variables y un desplazamiento de 80° en el curso del mes lunar con algunas irregularidades suplementarias. El arco que describe la Luna no es el mismo todos los meses. Esto tiene como causa el hecho de que el plano de la órbita de la Luna alrededor de la Tierra está ligeramente inclinado en referencia al plano de la eclíptica. La variación más grande en Stonehenge es de alrededor de 100° en un mes lunar de 27,3 días, y la más pequeña, de 60°, todo lo cual configura cuatro direcciones extremas correspondientes a esos ángulos. (Véase figura 8, fuera de texto.)

SEGUNDA COMPROBACIÓN

El observador colocado en el centro de los monumentos y mirando en esas cuatro direcciones, ¿se da cuenta precisamente de cuáles son las piedras que las marcan? La respuesta es otra vez que sí.

Se encontrarán, en las tablas, una serie de correspondencias entre los azimuts de las salidas y de las puestas solares y lunares calculadas, por una parte, con la ayuda de nuestros conocimientos modernos y marcadas, por otra parte, con la ayuda de las piedras de Stonehenge. Los errores pueden parecer pequeños al profano, pero para el astrónomo resultan chocantes. Estos errores alcanzan el medio grado, aunque un cálculo simple efectuado por Hoyle demuestra que, con la ayuda de postes colocados a distancias comparables a las de las piedras, no se podrían cometer errores superiores a 0,3 grados. ¿Por qué esos errores sistemáticos?

Hoyle se pregunta cuál podía ser la finalidad real de los astrónomos de Stonehenge. Y en primer lugar se pregunta si de veras se trataba de astrónomos o más bien de profanos deseosos

(1) Véase el Anexo al final del capítulo.

de determinar las estaciones y prever los eclipses. Porque en ambos casos las técnicas de medición no pueden ser las mismas. Para el astrónomo de profesión, lo que importa es determinar el punto extremo que la Luna y el Sol pueden alcanzar. Como ya ha dicho Hoyle, esto es imposible de determinar sin instrumentos precisos. Sería lo mismo que calcular a ojo el punto más profundo de un valle muy poco cóncavo. Nuestro astronauta desembarcado sobre un planeta desconocido no dispone, por hipótesis, de los instrumentos que harían falta, pero puede observar la Luna y el Sol inmediatamente antes e inmediatamente después de la posición extrema de inmovilidad aparente. El «punto extremo», por lo tanto, podrá ser señalado como el término medio entre esas dos posiciones. Ahora bien, un cálculo simple de Hoyle demuestra que las piedras-señal se encuentran en la posición exacta en que debían estar, en doce casos sobre quince, lo cual, evidentemente, no puede explicarse recurriendo a una casualidad milagrosa (1).

En cuanto a los eclipses y a su previsión, la postura de Hoyle es mucho más matizada que la de Hawkins, a quien, por otra parte, juzga favorablemente. Para Hoyle, el círculo de pozos de Aubrey no es una máquina de calcular, como proponía Hawkins, sino un señalador para medir los ángulos. Esto sería necesario, según él —pero no según Hawkins— para predecir los eclipses. De todos modos, los resultados aún no serían satisfactorios y exigirían, siempre según Hoyle, una precisión tan grande en los cálculos que sería difícil admitirla.

Para terminar, Hoyle emite una ingeniosa hipótesis en cuanto a la utilidad de los pozos de Aubrey en los cuales se han hallado residuos de hogueras y dice:

En una mañana clara la brillantez del Sol impide efectuar observaciones detalladas, pero un poco de humo producido por algunos pequeños fuegos en el lugar apropiado permitirían observar sin molestias el disco solar.

En efecto, ¿por qué no?

(1) Ver el Anexo al final del capítulo.

QUIÉN TIENE RAZÓN, ¿HAWKINS O HOYLE?

Yo me cuidaría de sacar ningún tipo de conclusiones, puesto que ni siquiera el propio Hoyle las ha sacado. Además, Stonehenge no es simple, sino compuesto. Se distinguen por lo menos tres etapas de construcción, separadas por muchos siglos. Hoyle se pregunta si, a través de los milenios, no habrán existido varias «escuelas» que habrían ensayado numerosas hipótesis para perfeccionar las medidas ya conocidas o para encontrar nuevas correlaciones.

Queda la pregunta que subleva a Hoyle, aunque indudablemente todos los lectores también se la harán. ¿Cómo ha sido posible Stonehenge? Una vez más, ¿cómo pudieron tomarse tanto trabajo los primitivos isleños y realizar, además, tantos cálculos? El astrónomo inglés no duda en admitir que no eran tan primitivos, que una afortunada casualidad genética pudo haber concentrado en Stonehenge unos cuantos centenares de cerebros privilegiados. Indudablemente, esta hipótesis es de una gran debilidad. Aparte del propio Stonehenge, no tenemos ninguna traza de las obras realizadas por esos cerebros hipertrofiados de Stonehenge.

Por otra parte, nuestro astrónomo parece creer que es muy importante para los agricultores conocer el momento exacto en que se inicia cada estación y que este conocimiento justificaría grandes esfuerzos. No hay más que un inconveniente: que esa necesidad es completamente falsa. Creo que ningún agricultor actual estaría tan loco como para sembrar en una fecha fija, a partir de una prescripción del calendario. Que se inspire en este hecho no lo discuto, pero también sé que es mucho más importante tener en cuenta las lluvias, el viento y el grado de vegetación de ciertos vegetales, integradores naturales de las influencias meteorológicas (todavía se utiliza. ¿Quién no comprende la expresión: «Ella tenía veinte años en la época de las cerezas»?). No. Muchos pueblos practican una agricultura primitiva y no tienen ningún Stonehenge. Esas inmensas construcciones fueron, y siguen siendo, según mi punto de vista, totalmente inexplicables por el momento.

Por lo tanto, la opinión de Hoyle difiere notablemente de la de Hawkins, lo cual es normal en las ciencias. De la controversia surgirá sin duda la luz y además es necesario reconocerles a esos dos astrónomos un mérito esencial: haberse preguntado seriamente para qué servía Stonehenge. Tantos esfuerzos por parte de unos pueblos tan pobres no se puede justificar sino con una finalidad proporcionada al esfuerzo. ¿Cuál? ¿Construir un templo? Hay muchos otros templos, pero no tan imponentes y tan antiguos. Es ahora cuando volvemos a encontrarnos con la inefable Jacquetta:

¡Bah! —nos dice—. *Los ricos jefes de Wessex debían de estar lo bastante capacitados como para hacer trasladar hasta el lugar donde están emplazados los pesados bloques de Stonehenge...*

Y algunas líneas después, agrega:

¿Cómo suponer que los cálculos tan detallados que demandan las hipótesis de Hoyle y de Hawkins podían llevarse a cabo en las chozas de los pobres diablos (folks) *del Neolítico?*

Entendámonos. ¿Los constructores de Stonehenge eran bastante ricos y poderosos para hacer transportar esos bloques de tantas toneladas a través de tantos kilómetros o, por el contrario, eran unos pobres diablos que vivían hacinados en unas chozas piojosas?

Más serias, según me parece, son las críticas de Atkinson, otro arqueólogo que no le tiene mucho aprecio a Hawkins.

LAS CRÍTICAS DE ATKINSON

El punto fundamental que los arqueólogos no quieren comprender (y que Hawkins ha defendido bastante mal) es el siguiente: si los cálculos demuestran que las alineaciones megalíticas tienen una significación astronómica, es imprescindible explicar este fenómeno (que difícilmente se puede interpretar como una coincidencia) dejando de lado los detalles, como por ejemplo, una piedra que falta, o que ha sido trasladada o mal ubicada. Es suficiente que la piedra pueda haber estado allí sin que exista una prueba formal que demuestre lo contrario.

La mayor parte de la argumentación de Atkinson olvida precisamente este aspecto del problema. Es verdad que su colega Hawkins habría realizado, según dice, muchas citas de uno de sus libros sin citar demasiado al autor (1). Y añade:

Toda vez que muchas de las señales referentes a las alineaciones son piedras caídas o pozos vacíos, la dirección de las alineaciones de origen, si existiera, no podría ser hallada salvo entre márgenes de error inaceptables.

Acto seguido, Atkinson declara: *a*) Haber participado, en 1958 y en 1964, en la reposición de diversas piedras caídas, y *b*) que puede afirmar sin equívocos que las huellas de la base de las piedras y los precisos vaciados que las mismas han dejado en el suelo de tiza blanda hacen imposible todo error de posición según el orden sugerido por Hawkins. Ahora bien, ¿cómo conciliar la afirmación *a*) y la afirmación *b*)? ¿Se puede o no se puede reconstruir lógicamente, racionalmente, estas famosas alineaciones?

Es entonces cuando Atkinson se contradice a sí mismo. Acusa a Hawkins de considerar, en sus cálculos, los pozos F, G y H, que muchos arqueólogos suponen que se trata de restos de plantaciones de árboles o de matorrales. Sin embargo, esos pozos completan con gran exactitud un alineamiento, y ésta es la razón por la que Hawkins los tuvo en cuenta. No es posible que los pozos se hallen milagrosamente en ese lugar preciso. Sobre todo teniendo en cuenta que Atkinson, poco después, conviene en que «la interpretación *(the status)* de los pozos es incierta».

(1) ¡De todos modos! En el artículo «Stonehenge decoded», aparecido en *Nature*, 1963, pág. 306, anuncia el libro del mismo título (Londres, Doubleday, 1965). Hawkins habla de «el excelente trabajo arqueológico de Atkinson sobre Stonehenge».

Sobre todo, no hay que creer que acuso a Atkinson de obrar con mala fe. Al contrario, se trata de un arqueólogo sabio y honesto. Pero en esta ocasión está dominado por la obsesión de demostrar a toda costa el error de un colega. Éste es el motivo que lo hace caer en unas incoherencias de las cuales quizá ni él mismo se da cuenta.

Más serios, por otra parte, serían los errores de estadística de los que Hawkins sería culpable en varias oportunidades. Según mi modo de ver, estos errores no inciden seriamente sobre las tesis fundamentales y es por esta razón por lo que los omitiré, en beneficio del lector. Por otra parte, el propio Atkinson reconoce que el libro de Hawkins contiene muchas sugerencias positivas. La primera «es que un observador colocado en el centro del círculo ve la Luna llena más próxima al solsticio de invierno elevarse por detrás de la piedra de Hele, de lo que resulta un eclipse de Sol o de Luna del cual la mitad, solamente, es visible desde Stonehenge. De ser esto verdad (es Atkinson quien habla), constituiría la mejor explicación presentada hasta el momento respecto al por qué de la colocación de la piedra Hele». La segunda es que «la latitud de Stonehenge fue elegida deliberadamente con el propósito de que las salidas y las puestas solares y lunares más al Norte y más al Sur, en el momento de los solsticios, se encontraran aproximadamente en un ángulo recto, las unas respecto a las otras». Esto explicaría la posición poco menos que rectangular de las cuatro piedras de Station... Esta sugestión ya había sido hecha, independientemente, y en un momento anterior, por M. C. A. Newham, en 1963.

Como se ve, la pasión no aleja demasiado a Atkinson de la objetividad científica y hace, *in fine*, a Hawkins algunas enormes concesiones. ¿Es que él mismo se ha dado cuenta de esto?

¿ES STONEHENGE UN CASO AISLADO?

¡Al contrario! Los minuciosos estudios de Thom (1) demuestran que estos observatorios eran muy abundantes en la costa oeste de Escocia. La mayor parte parecían destinados a la previsión de los eclipses. Pero, indudablemente, también debían llevarse a cabo muchas otras observaciones astronómicas. Los cálculos de Thom, demasiado elaborados para que yo los reproduzca aquí, demuestra que la erección de estos observatorios exigía unos conocimientos matemáticos y astronómicos sorprendentes, y todo esto de 1 800 a 1 200 años antes de J. C.

LOS «CALCULADORES DE BOLSILLO»

Lo más asombroso es que los hombres del Paleolítico, entre 35.000 y 30.000 años antes de nuestra Era, es decir, trescientos siglos antes de Stonehenge, parecían interesarse también en la Astronomía, si es que podemos creer a Marshack (2). Sin embargo, no edificaban megalitos (por lo que se sabe hasta ahora). Preferían construir instrumentos «de bolsillo», de los cuales algunos por lo menos parecen estar relacionados con las fases de la Luna. Marshack señala que existen centenares de pinturas y de grabados que poseen una estructura regular y que no se parecen a otra cosa que a graduaciones. No procurar «leerlos» y limitarse a afirmar una y otra vez que los mismos tenían un papel religioso o de ceremonial demuestra pereza o timidez intelectual. El ejemplo más sorprendente (y señalemos también que el caso está lejos de ser el único) puede ser la graduación en marfil de mamut que proviene de las excavaciones de Gontzi, en Ucrania. Data del Paleolítico superior, probablemente del magdaleniense superior. El modelo corresponde a un mes lunar de 30 días; como el mes sinódico lunar no tiene más que 29,5 días, dos meses correspon-

(1) Thom: *Megalithic lunar Observatories* (Oxford Clarendon Press, 1971).
(2) Cf. *Science*, tomo CXLVI, 1964, páginas 743-745.

den a 59 días y no a 60, por lo que es necesario agregar un día cada dos meses para que el modelo funcione. Se debe comenzar la lectura en el ángulo superior derecho. La graduación comprende un cierto número de signos angulares. Marshack cree que cada graduación representa un día y que los signos angulares en los que se cruzan dos líneas señalan un acontecimiento lunar. Luego, el signo angular corresponde a la invisibilidad. Se repite día a día, exactamente durante los períodos de invisibilidad de la Luna. Una separación más grande de las graduaciones podría corresponder a los «días intercalados», que deben colocarse cada dos meses, como ya hemos visto. Por debajo de la línea horizontal dos líneas verticales pueden representar una recapitulación (como si dijeran: «Atención, hasta aquí van dos días de invisibilidad»). Después de la invisibilidad siguiente, encontramos esa marca tres veces. Después de un período de dos meses, las dos líneas horizontales atravesadas por cuatro trazos verticales podrían constituir otra recapitulación: van dos meses y tres períodos de invisibilidad.

Desgraciadamente, la parte correspondiente al tercer mes está destruida. El cuarto mes termina las graduaciones abajo y a la derecha.

Astrónomos de tiempos remotos... Sabios matemáticos, restos de una civilización desconocida y hundida; o viajeros cósmicos arrojados a la barbarie de la Tierra neolítica; o también hombres de genio que fueron, a un mismo tiempo, conductores de pueblos... ¿Quién nos dirá qué eran realmente?

ANEXOS

LOS CÁLCULOS DE HAWKINS SOBRE STONEHENGE

Según Diodoro de Sicilia, hablando de la Bretaña (Inglaterra) «cuando se ve a la luna de esas islas, aparece a poca distancia de la tierra. Se dice que la diosa (la luna) visita la isla cada 19 años, período durante el cual se lleva a cabo el retorno de las estrellas a una misma posición en los cielos».

Hawkins pensó, por lo tanto, que estos datos (más o menos dudosos, por otra parte) aportados por Diodoro podían aplicarse a Stonehenge. Vista desde el centro del edificio, la luna alcanza su punto extremo al norte, por encima de la piedra D. En un período de 18,61 años, la salida de la luna pasa de D a la piedra de Hele, a F y después vuelve a D. De este modo, las salidas de la luna van de un extremo al otro de la avenida, a causa de la regresión de los puntos nodales. Si se tiene en cuenta sólo una salida de la luna en particular, como por ejemplo el plenilunio más próximo al solsticio de invierno (al que llamaremos, siguiendo a Hawkins, «salida de la mitad del invierno») el ciclo alcanza 18 ó 19 años.

De este modo, Hawkins ha calculado las posiciones de la luna del año 2001 al año 1000 antes de Jesucristo, y el acimut de la salida de la luna para cada solsticio de invierno durante dicho período.

La salida de la mitad del invierno —o para abreviar, la salida de invierno— sigue un ciclo de 19 años con un 38 por ciento de irregularidades. Por ejemplo, en 1694, 1685, 1676 y 1666 antes de Jesucristo, los intervalos van de 9,9 a 10 años. Pero, del 2001 al 1000 antes de Jesucristo, el intervalo 10 sobreviene en un 33 por ciento de los casos. Es, por lo tanto, el período de 19 años el que constituye el ciclo principal, aunque poco a poco se va haciendo inexacto y la salida de invierno deja de estar frente a la piedra de Hele a menos que se lleve a cabo una corrección cada 56 años. Por otra parte, el sol vuelve a salir sobre la trilita y la piedra de Hele todos los años en el momento de los solsticios de invierno y de verano.

Un eclipse de sol o de luna ocurre siempre que la luna de invierno se eleva por encima de la piedra de Hele. Se ven, en la figura, los eclipses de invierno de 1600 y 1400, antes de Jesucristo. Pero de Stonehenge no se puede ver más que la mitad de dichos eclipses.

Los cálculos han demostrado un hecho sorprendente. La salida de invierno por detrás de la piedra de Hele y los eclipses ocurren a la vez en un 85 por ciento de los casos. Lo que viene a querer decir que la luna de invierno regresa a su posición encima de una determinada piedra cada 56 años. Durante 20 años de observación, por ejemplo, la luna adoptaría diez posiciones que Hawkins ya ha señalado en el círculo de piedras «de sarsen» y de piedras «de estación». Cada una de esas posiciones es, por lo tanto, una fracción del ciclo de 56 años y de este modo podría ser predicha por cualquier persona que estuviera al corriente de dicho ciclo. El número 56 corresponde al número de pozos de Aubrey del círculo exterior. Vistos desde el centro, estos pozos corresponden a espacios azimutales iguales alrededor del horizonte y, por lo tanto, no pueden corresponder a las posiciones de la luna, del sol o de cualquier otro astro terrestre, toda vez que los desplazamientos no se realizan siguiendo azimuts iguales. Pero si las gentes de Stonehenge hubieran querido dividir el círculo en partes iguales, ¿por qué no lo hicieron siguiendo el camino más simple, la bisección de segmentos de círculo, que arroja cifras de 32, 16, 8, 4 y 2? Hawkins piensa, por esta razón, que estos pozos corresponden a otros tantos años, a los 56 años fatídicos de los que hemos estado hablando hasta ahora. Bastaría señalar los años con una ceremonia cualquiera, sea una cremación (en dichos pozos hay cenizas enterradas) o el desplazamiento de piedras de un pozo a otro.

Para utilizar a Stonehenge como un calculador astronómico, Hawkins propone una técnica simple:

1) Coger tres piedras blancas *a*, *b* y *c* y colocarlas en los hoyos de Aubrey 56, 38 y 19.

2) Coger tres piedras negras, *x*, *y*, *z* y colocarlas en los hoyos 47, 28 y 10.

3) Hacerlas avanzar un pozo por cada año, por ejemplo en el solsticio de invierno o en el de verano.

Siguiendo este método, es posible predecir, para varios cientos de años, todos los acontecimientos lunares importantes. Por ejemplo:

—¿Cuándo saldrá la luna llena por encima de la piedra de Hele en el solsticio de invierno? Respuesta: Cuando una cualquiera de las piedras, no importa cual, se encuentre en el hoyo 56 (dicho pozo se encuentra alineado con la piedra de Hele si se lo mira desde el centro del monumento).

—¿Cuándo la luna de invierno saldrá por encima de F y se ocultará entre los túmulos 93-91? ¿Cuándo la luna de equinoccio saldrá y se ocultará en 94? Respuesta: Cuando una piedra blanca se encuentre en el hoyo 5.

—¿En qué años habrá eclipses entre el solsticio y le equinoccio, es decir, para seguir nuestro calendario actual, en abril y en octubre? Respuesta: Cuando una piedra cualquiera, no importa cual, se encuentre en los hoyos 3 ó 4.

De este modo, Hawkins demuestra la notable exactitud de calculador de Stonehenge, a partir del año 1600 antes de Jesucristo, la primera fecha a partir de la cual disponemos de tablas precisas de estos fenómenos.

El ordenador de piedra no es preciso más que para tres siglos, y, en consecuencia, a partir de entonces los fenómenos lunares se producen con un año de anticipación. Entonces es muy fácil efectuar una simple corrección avanzando las seis piedras de un lugar, cuando los fenómenos lunares ocurren un año antes.

LOS CÁLCULOS DE HOYLE SOBRE STONEHENGE

Para más detalles, es indispensable remitirse al artículo de Hoyle (ver pág. 70). Los cálculos son muy complejos para que los reproduzcamos aquí in extenso.

TABLA I DE HOYLE

Posición	Vista desde	Azimut medido	Azimut calculado
G	92	40,7	41,1 + 1,96 *h*m SL
A	Centro	43,7	41,1 + 1,96 *h*m SL
91	92	49,1	49,7 + 1,63 *h*s SS
Heel	Centro	51,3	49,7 + 1,63 *h*s SS
94	93	51,5	49,7 + 1,63 *h*s SL
F	Centro	61,5	60,5 + 1,45 *h*m SL
91	Centro	117,4	122,2 + 1,45 *h*m SS
H	93	128,2	130,2 + 1,63 *h*s SS
G	94	129,4	130,2 + 1,63 *h*s SL
92	93	140,7	142,6 + 1,96 *h*m PS
92	91	229,1	229,8 — 1,63 *h*s PS
93	94	231,5	229,8 — 1,63 *h*s PL
93	Centro	297,4	299,5 — 1,45 *h*m PS
94	G	309,4	310,3 — 1,63 *h*s PL
94	91	319,6	318,9 — 1,96 *h*m PL

TABLA II DE HOYLE

Posición	Vista desde	Azimut medido	Azimut calculado
Heel	30-1	51,2	49,7 + 1,63 *h*s SS
8-9	53-54	120,6	122,2 + 1,45 *h*m SL
6-7	51-52	131,6	130,2 + 1,63 *h*s SS
9-10	53-54	139,4	142,6 + 1,96 *h*m SL
16-15*	55-56	231,4	229,8 — 1,63 *h*s PS
20*-21	57-58	292,0	299,5 — 1,45 *h*m PL
23-24*	59-60	304,7	310,3 — 1,63 *h*s PS
21-22	57-58	315,2	318,9 — 1,96 *h*m PL

Los asteriscos señalan las piedras que faltan cuya posición se ha estimado con relación a las piedras vecinas.
SL — Salida de la Luna.
SS — Salida del Sol.
PL — Puesta de la Luna.
PS — Puesta del Sol.

LO EXTRAÑO EN LAS CIENCIAS DE LA VIDA

LO RARO EN BIOLOGÍA

A decir verdad, la Biología no es más que una rareza monumental. Pero en el dominio que nos ocupa, es decir, en los problemas no solamente singulares, sino altamente controvertidos, se pueden encontrar rarezas aún peores, verdaderamente escandalosas.

Comencemos por la menos grave: la vida extraterrestre.

Y bien, hace unos años, yo esperaba poder redactar un capítulo contundente sobre la vida extraterrestre y principalmente sobre las cosas curiosas que se encuentran en las condritas carbonarias, esos raros meteoritos que caen de vez en cuando sobre la superficie de la Tierra. Pero he esperado mucho tiempo y lo fastidioso es que ahora todo el mundo está convencido que más o menos por todo el espacio pueden nacer moléculas orgánicas complejas y, ¿quién sabe?, elevarse mucho en la escala de la organización vital. En la atmósfera de Júpiter esto puede ser posible, para poner un ejemplo. No es, por lo tanto, muy divertido y, sobre todo, no es difícil convertirse en un hereje en esta materia. Sin embargo, todos mis lectores no estarán tal vez al corriente de las últimas novedades sobre este asunto.

EL METEORITO DE ORGUEIL

El 14 de mayo de 1864, a las 8 de la tarde, veinte piedras cayeron sobre Orgueil (1), un pueblo cercano a Montauban. La más

(1) Cf. Martin (Ch.-N), en la revista *Planète*, n.° 8, enero-febrero de 1963. [Véase también en Revista Horizonte, n.° 5, julio-agosto 1969, página 25 y ss., Plaza & Janés.]

grande tenía el tamaño de la cabeza de un niño, y se encuentra ahora en el Museo de Montauban. El Museo de Historia Natural de París también posee cierto número de piedras. Morgan, por su parte, compró una y la donó al Museo de Nueva York. Hace unos años, esta última piedra obtuvo cierta notoriedad. Claus y Nagy (1) dos jóvenes biólogos americanos, creyeron haber descubierto unos microorganismos en este meteorito y los comentarios al respecto fueron abundantes. Hace falta señalar que el objeto que cayó en Orgueil tenía un aspecto muy curioso. Yo lo he visto. Diríase una pila de carbón fragmentada en pedazos irregulares y friables. Visto al microscopio, en trozos muy pequeños, su aspecto es singular, con toda una serie de fragmentos de una variedad infinita, tanto de forma como de tamaño. Claus y Nagy vinieron a mi laboratorio a enseñarme sus preparados. Los dos eran muy simpáticos, muy jóvenes y llenos de un entusiasmo que rebasaba enormemente al mío propio.

Para poder tomar cualquier decisión habría hecho falta ser un microscopista experimentado en carbonos, y aquello no era, desde ningún punto de vista, mi especialidad. Por otra parte, nadie podía negar que el meteorito, muy poroso, no había estado abandonado largo tiempo en la campiña y que después había estado colocado tras las vitrinas del museo, sin ningún tipo de protección particular contra la polución provocada por las partículas atmosféricas. Y también, un micropaleontólogo muy conocido había publicado un artículo virulento contra las conclusiones de Claus y Nagy declarando que todos los objetos figurados o pretendidos, tales como los que se podían observar al microscopio, no podían provenir sino de las poluciones terrestres. Y como debía hallarse en uno de sus días malos, agregó «que incluso se puede dudar que los resultados de los análisis químicos hayan demostrado la presencia de materia orgánica». (Ahora bien, como veremos en seguida, al salir de sus dominios el hombre se equivocó completamente. Quien mucho quiera abarcar...) Algún tiempo más tarde, Orcel, el reconocido mineralogista del Museo examinó el meteorito con ese aparato maravilloso que se llama el microscopio de Castaing y demostró que muchas de las inclusiones representadas, a las cuales se había tomado por microorganismos no eran otra cosa que artificios mineralógicos de

(1) Cf. *Nature*, 24 de marzo de 1962, volumen 193.

un carácter bastante corriente.

¡Hum! Todo aquello parecía aplastante como refutación. También yo dejé que los legajos de aquel asunto durmieran en un cajón. Y de este modo cometí un gran error de método. Fue un poco por expiar este error por lo que he decidido escribir este capítulo.

Enunciemos de nuevo, en efecto, una triste verdad que no hay que olvidar. En presencia de un hecho nuevo, los hombres de ciencia no muestran, a menudo, más que los signos exteriores de la objetividad camuflados bajo una fraseología muy impresionante por su vulgaridad. Por lo tanto, después de un hecho nuevo —y chocante—, se dedican a hacer refutaciones. Sin embargo, siempre hay que intentar la refutación de la refutación. En aquel momento, yo lo había olvidado.

De todos modos, dos años y después siete años más tarde, Degens y luego Brooks y Shaw (1) reemprendieron el estudio de las materias orgánicas contenidas en los meteoritos carbónicos de Orgueil y de Murray (2), y lo que hallaron vale la pena de ser descrito.

LAS MATERIAS ORGÁNICAS DE LOS METEORITOS

Estas materias son idénticas a las de las rocas de la Tierra. Éstas son las conclusiones a las que ha llegado un minucioso estudio bioquímico de Degens (3). Según éste, los hidrocarburos y los aminoácidos que se encuentran en las rocas de la Tierra y en los meteoritos carbonosos no difieren sensiblemente, salvo por la ausencia de porfirinas y quizá de bases púricas y piramídicas que sólo se encuentran en la Tierra. El autor estima que eso que él llama la «diagénesis», es decir, las alteraciones profundas de las sustancias orgánicas de las rocas en el transcurso de las edades geológicas y las modificaciones que pueden sufrir las materias orgánicas iniciales de los meteoritos en el transcurso de una

(1) Cf. *Nature*, n.º 233, 1969, página 754.
(2) Una condrita carbonosa cayó, en 1950, en Murray (Estados Unidos).
(3) Cf. *Nature*, n.º 202, 1964, página 1092.

larga exposición a toda clase de radiaciones durante su viaje por el espacio, guardan muchos puntos en común.

Pero, siempre según Degens, solamente mediante el análisis químico no es posible distinguir el origen, biótico o abiótico, de un compuesto orgánico. Lo que se encuentre también puede haber sido formado por una síntesis química ajena a los organismos vivientes.

Brooks y Shaw van a dar un paso adelante respecto a este asunto.

LA ESPOROPOLENINA

Las materias orgánicas existen no sólo en los meteoritos carbonosos, sino también en rocas muy antiguas de la era precámbrica, es decir, en rocas con 500 millones de años de existencia. Lo que hace muy delicado el estudio es que se trata de materias orgánicas que son en gran parte insolubles, es decir, que no se las puede extraer con facilidad. Existe una sustancia particularmente resistente, que forma la mayor parte de la envoltura de los granos de polen y de diferentes esporas y que parece idéntica al «querógeno» de las rocas precámbricas: a esta sustancia se la conoce como esporopolenina. Ahora bien, Brooks y Shaw sostienen que la han encontrado en los meteoritos de Orgueil y de Murray. Con este fin, trataron menudos fragmentos de los meteoritos con ácido fluorhídrico, con ácido nítrico y con potasio, tres disolventes particularmente vigorosos, pero que no intimidan en absoluto a la esporopolenina. De esta forma desprendieron cantidades bastante importantes de materias orgánicas (de un 3 a un 4 por ciento), que fueron examinadas por medio de una serie de métodos, al mismo tiempo que la esporopolenina del polen moderno y de diferentes esporas.

Ahora bien, todos estos cuerpos son los mismos. Más aún, diversos microfósiles que se conservan intactos desde el punto de vista morfológico en las rocas antiguas, arrojan los mismos espectros infrarrojos y tienen los mismos caracteres. He aquí las conclusiones a las que llegaron Brooks y Shaw:

Nuestros resultados experimentales sobre los dos meteoritos, que son de todo punto objetivos y muy concienzudos respecto a *todo tipo de pequeñas cantidades de materia, suministran, a nuestro juicio, una prueba importante en favor de la existencia de la vida extraterrestre. Teniendo en cuenta que la edad de estos meteoritos es de 4,5 a 4,7 × 10^9 años (es decir, que, por lo menos, son tan viejos como la Tierra), nuestros resultados implican la posibilidad de que existiera vida en el Universo antes de la formación de nuestro planeta (...) cuando todavía la existencia de vida sobre la Tierra era de las más inverosímiles.*

LOS AMINOACIDOS

El químico Ponnanperuma va a progresar en otra dirección. Los aminoácidos, que son los materiales constitutivos de las proteínas, son casi todos de estructura izquierda (desvían hacia la izquierda la incidencia de la luz polarizada). Ahora bien, los aminoácidos del meteorito de Orgueil son al mismo tiempo derechos e izquierdos, lo que para un químico es un poderoso argumento que demuestra muy claramente que los mismos no pudieron formarse en la Tierra. Pero esto prueba también que esos aminoácicidos pudieron formarse fuera de la Tierra, sobre los meteoritos que estaban en contacto con las moléculas prebióticas que flotan desparramadas por el espacio. Yo agregaría que este descubrimiento no prueba en absoluto que hayan sido seres vivientes los que fabricaron dichos aminoácidos y que más bien sería una prueba de lo contrario, a menos que la Biología espacial obedezca a unas leyes de todo punto de vista diferentes a las leyes de la Biología terrestre.

Hay que señalar que, respecto a todas estas experiencias, no se ha planteado el problema de la posible polución de los meteoritos por productos recogidos en el medio ambiente terrestre. Esto se debe a que dicha objeción, muy poderosa en el caso de los microorganismos hipotéticos hallados por Claus y Nagy, es, en esta ocasión, bastante débil de sostener. Se trata tan sólo de un problema de cantidad, en principio, y de solubilidad, después. Los meteoritos carbonosos no pudieron haber sido contaminados tan profundamente con un material tan poco soluble, mientras que se admite de bastante buen grado que puedan haberse introducido, en cambio, granos de polen o partículas de diversos polvos de carbón.

REGRESO A LAS OBSERVACIONES DE CLAUS Y NAGY

Sin embargo, la historia de Claus y Nagy no ha terminado. Porque ambos —y esto es algo que generalmente se ignora— respondieron a sus contradictores. Y puesto que hemos dado a conocer las críticas que ellos recibieron, nos hemos olvidado, como siempre, de criticar a los críticos.

Claus y Nagy objetan que las críticas de su detractor micropaleontólogo fueron un poco apresuradas. Parece que ya había tomado sus conclusiones al revisar unos cuantos de los trescientos preparados que Claus le había entregado. También él quería partir de un tajo el error y castigar la iniquidad, en vez de considerar tranquilamente, objetivamente, imparcialmente, la idea de que pudieran existir microorganismos en un meteorito, aunque dicha idea le pareciera inconcebible.

Por otra parte, fueron hallados microorganismos idénticos en meteoritos que cayeron a miles de kilómetros de distancia, y separados unos de otros por más de un siglo. Agreguemos que también fueron conservados en diferentes museos. Si un microorganismo enigmático ha revelado ser apenas un grano de polen de *Ambrosia* (Fitch lo ha demostrado), hay, en cambio, otros elementos enterrados en conglomerados espesos y sin microesporas, o con microesporas mucho más pequeñas que el organismo en cuestión. Por último, los meteoritos pedregosos y las muestras de rocas bituminosas terrestres, tratados del mismo modo que fue tratado el meteorito por Claus y Nagy, demuestran no contener ningún tipo de microorganismos.

Lo que parece alarmante, a mi modo de ver, es el hecho de que Claus y Nagy también trabajaron con muestras petrográficas. Ahora bien, para identificar microorganismos con ese sistema, es necesario que los haya en grandes cantidades. Es tal vez este argumento, y también su experiencia como micropaleontólogos, lo que llevó a Briggs y Kitto (1962), a Cholnoky (1967), a Palik

(1962) a Ross (1962), a Staplin (1962) y a Timofeiev (1962) a llegar a las mismas conclusiones de Claus y Nagy, después de muchos meses de trabajo, operando sobre meteoritos diferentes y con la ayuda de métodos diferentes, pues los corpúsculos fijan fácilmente muchos colores histiológicos destinados al estudio de las materias vivientes (lo que, entre paréntesis, se opone a los resultados de Orcel, que los encuentra enteramente minerales).

Sylvester Bradley (1), el reconocido geólogo inglés, señala que una serie de observaciones concordantes realizadas después de 1963 obliga a admitir la existencia real de microfósiles en los meteoritos. Éstos habrían sido en parte mineralizados y transformados en bloques de limonita, como Nagy y Claus demostraron en 1963, utilizando ellos también la microsonda de Castaing (2). Antes de la operación clásica conocida como desmineralización no se ve gran cosa y los corpúsculos son opacos ante los rayos ultravioleta, pero después de un tratamiento con ácidos que separan los compuestos férricos, se pudo establecer un espectro de absorción que sugería una naturaleza orgánica (3).

Estos elementos «organizados» son además muy difíciles de describir, dada su enorme variedad. Eliminemos el tipo 5 de Claus y Nagy (1961), que seguramente no es otra cosa que un grano de polen de *Ambrosia,* como ya hemos visto; y el tipo 2, que corresponde seguramente a ceniza de un alto horno. Del mismo modo, ciertos objetos filamentosos descritos por Palik (4) provienen de contaminaciones exteriores; en cuanto a las placas hexagonales de Müller (1962), seguramente se trata de troilita, un mineral que no nos interesa directamente. Entonces subsisten el tipo I de Orgueil y el tipo II del meteorito de Miguei (5), que ya son mucho más difíciles de eliminar. Se trata de objetos prismáticos en forma de bote, que guardan una vaga semejanza con las algas del tipo de las diatomeas (6). Kremp ha escrito que

(1) Ver el artículo de Bradley (S.), en *Proceed. Geol. Association,* n.° 82, 1971, páginas 87-136.
(2) Experimento de Nagy, Frederikson, Urey, Claus y Percy, en 1963.
(3) Cf. Nagy, Frederikson, Kudinovsky y Carlson en *Nature,* n.° 200, páginas 565-566.
(4) Cf. *Nature,* n.° 194, 1962, página 1065.
(5) Ver Timofeiev, artículo sobre el meteorito caído en Miguei (U.R.S.S.), en *Grana Palynogica,* n.° 4, páginas 92-94.
(6) Ver Kremp, artículo en *J. Brit. Interplanet Soc.,* n.° 21, 1968, página 99-112.

Nagy consiguió ciertas estructuras análogas tratando algas azules mediante cloruro de hierro. El segundo tipo de elemento es más simple: se trata de una esfera de 4 a 10 micrones de diámetro y portadora, con bastante frecuencia, de tubérculos poco diferenciados. Desgraciadamente, estos corpúsculos no han sido aún examinados con el microscopio electrónico.

Al principio, Claus y Nagy, dejándose llevar por su entusiasmo, habían establecido una verdadera clasificación de corpúsculos de condritas carbonosas, según las reglas de la taxinomia (1) internacional. Es cierto que los «microfósiles» que no pueden ser referidos a poluciones terrestres se parecen mucho a cuerpos muy análogos del precámbrico, relacionados, hasta ahora, con las algas azules o azul-verdes. Pero Fox piensa que ni los microfósiles de las condritas ni los del precámbrico pertenecen, en realidad, a especies animales o vegetales bien definidas: ellos serían «preorganismos», «microesferas de proteinoides» formadas inmediatamente antes de la aparición de los organismos tales como nosotros los conocemos.

EL ORIGEN DE LAS CONDRITAS CARBONOSAS

El problema se aclararía un poco si supiéramos de dónde proceden las condritas carbonosas y de qué manera se han formado. Pero, por desgracia, estamos muy lejos de ese conocimiento. Como ha observado Sylvester Bradley, lo que lo complica todo es la presencia en las condritas de elementos que no deberían estar juntos. Algunos de sus componentes no han podido formarse más que a alta temperatura y otros a baja temperatura y, lo que es más grave, en presencia de agua líquida. Por lo tanto, no han podido constituirse únicamente en el vacío interplanetario, por la intervención del polvo cósmico, como han pretendido algunos, pues el agua, en estado líquido, parece una cosa bastante rara en esa región. ¿Procederán, entonces, del estallido de un planeta, como algunos admiten? Urey ha llegado a pensar, por un

(1) *Taxinomia:* Ciencia de las leyes de la clasificación.

momento, que podrían provenir de la Luna. Sin embargo, desde que se conocen mejor las piedras lunares, se ha visto obligado a renunciar a esta hipótesis.

¿A qué conclusión llegaremos? A nada definitivo, según nuestra costumbre. De todas maneras, sigue habiendo un problema que ha sido planteado seriamente por hombres de ciencia serios y que es preciso considerar. Es innegable, porque ha sido absolutamente demostrado, que no sólo hay moléculas orgánicas en el espacio, sino que algunos microorganismos pueden invadirnos por la vía de los meteoritos, lo cual tendría consecuencias incalculables. Si eso ocurriera, se contaría, por primera vez, con un argumento en favor de la panspermia.

LA PANSPERMIA DE ARRHENIUS

La panspermia (de dos palabras griegas que significan: inseminación universal) es una teoría antigua de la que ha sido un destacado partidario el famoso químico Arrhenius (1). Esta teoría supone que la vida pudo haber llegado a la Tierra a través del espacio, es decir, a través de esporas transportadas precisamente por meteoritos. Lo cual nos enfrenta a la cuestión de la resistencia de la vida frente a factores adversos.

Esta resistencia es enorme, desmesurada. De memoria recuerdo las larvas de mosquitos que se desarrollan en el agua de los géiseres a 65°; las bacterias que se desarrollan en el agua que envuelve las pilas atómicas, «soportando» una dosis de radiaciones alucinante y sin otros resultados que no sean beneficiosos; los organismos que se desarrollan en el agua de las fuentes sulfurosas metabolizando el ácido sulfúrico, etc.

Pero estas condiciones son muy distintas a las de los meteoritos que viajan en el frío inmenso del espacio, sin una molécula de agua. ¿También en estas condiciones la vida podría subsistir? Sí, sin duda. Esto se ha demostrado liofilizando (es decir, trasladando a un vacío absoluto de —60°) a pequeños animales de la familia de los tardígrados, muy comunes en el musgo que se posa sobre los tejados. De esta manera, es fácil privarlos de toda su

(1) Svante Arrhenius (nacido en Wijk cerca de Upsala en 1859, muerto en 1927), físico sueco conocido por su teoría de la disociación electrolítica. Premio Nobel de Química en 1903.

agua y nada impide entonces sumergirlos en el aire líquido. Al término de un mes, si se les devuelve al aire libre colocándolos encima de un poco de algodón húmedo, no les hace falta sino un tiempo muy escaso para comenzar a agitarse, y poco después para recomenzar el curso de sus ocupaciones habituales. Todo esto pone en tela de juicio el problema de la muerte, pues según estas demostraciones, los procesos vitales pueden ser detenidos completamente (pues sin agua y a —200° no puede haber posibilidad de vida), sin que este hecho corresponda a la muerte.

Los tardígrados, además, no son simples bacterias, sino, al contrario, organismos ya muy evolucionados. Las bacterias, sin duda, resistirían aún más. Se conocen experiencias que demuestran su resistencia casi infinita.

LA EXPERIENCIA DE SISLER

Una de estas experiencias fue realizada por Sisler en el meteorito de Murray, que cayó sobre la Tierra en 1950. Murray mojó el meteorito con agua oxigenada y con bicloruro de mercurio, al tiempo que le infligía radiaciones con poderosas lámparas de rayos ultravioleta que tenían rayos bactericidas. Luego, considerando que la superficie ya era estéril, tomó una muestra del interior del fragmento, la molió en un mortero esterilizado y puso el polvo en tubos de ensayo que contenían una solución de agua de mar, de peptonas y de azúcares. Así obtuvo una multiplicación abundante de una bacteria que hasta entonces parecía bastante corriente. Pero no se pudo evitar la objeción de una polución bacteriana a través de las fisuras del meteorito, que es lo suficientemente poroso como para que esto pueda ocurrir. De todos modos, la experiencia de Sisler no ha vuelto a ser comenzada, al menos según mis informes. Si se reanudara sobre más condritas (así se llama también a los meteoritos carbonosos), no hay que descartar la posibilidad de que puedan hallarse otras bacterias capaces de reproducirse. Y un estudio más profundo podría llegar a revelar la presencia de características no terrestres. Siempre ocurre lo mismo: para emprender esa misión, hace falta creer un poco en ella.

LA EXPERIENCIA DE DOMBROWSKI

Otra experiencia, tal vez más sujeta a dudas, es la de Dombrowski (1961), que comenzó a plantearse preguntas después de comprobar que la superficie de la espuma que sobrenadaba en la superficie de las aguas termales de Nauheim (Hesse) estaba llena de bacterias. Y las bacterias pueden encontrarse aunque el agua se halle a 200 metros por debajo de la superficie. Y, más aún, la espuma contiene también polen fósil de árboles que databan del período pérmico, hace 180 millones de años. Según los geólogos, las fuentes de Bad Nauheim, que son muy saladas, han obtenido esa sal en los lechos de sal fósil depositados a 40 millas de ese lugar; fue, por lo tanto, en aquel otro lugar donde Dombrowski decidió llevar a cabo sus muestreos. Después de haberse procurado una muestra de los estratos geológicos llamados de Zechstein, que contenían la sal, Dombrowski esterilizó con mucho cuidado sus instrumentos y el exterior de las muestras extraídas y luego repartió el centro de estas muestra en 180 tubos. En 86 casos, obtuvo un *Pseudomonas* que era muy similar a los que viven en las aguas viscosas del mar Muerto. Dombrowski se procuró depósitos salinos de Saskatchewan, que tienen una antigüedad de 320 millones de años y buscó, en el caso de que existiera, una sal precámbrica de 750 millones de años, con el fin de extraer bacterias aún más arcaicas.

NUESTRAS PLANTAS Y LA TIERRA

Nuestras plantas, ¿están adaptadas a la Tierra y solamente a la Tierra? Este problema se puede tomar con un sesgo un poco distinto, preguntándose si a través del mismo no será posible verificar las hipótesis, tantas veces emitidas, respecto a la vida en otros planetas. Prácticamente es respecto a Marte donde se plantea, toda vez que este planeta es el único, dentro de nuestro sistema, que nos otorga ciertas esperanzas en este sentido. Conocemos casi con certeza lo que debe contener la atmósfera marciana. No ignoramos las temperatus (frescas) que reinan sobre el planeta. ¿Por qué no volver a crear esas condiciones y ver qué les ocurre a las plantas sometidas a los rigores marcianos?

Sigel y sus colaboradores han intentado la experiencia (1). Lo menos que se puede decir es que a los resultados de esos experimentos no se les hizo caso. Gran cantidad de nuestras plantas superiores, de las más comunes, como la lechuga, el tomate, el pepino, las judías, etc., están capacitadas perfectamente para germinar y producir semillas de un tamaño apreciable con poco oxígeno. La mezcla utilizada por los experimentadores americanos contenía de un 2 a 5 por ciento de oxígeno mezclado con un gas inerte, el argón. El pepino, la cebada, el trigo y el arroz tienen unas raíces prácticamente anaerobias, es decir, que pueden desarrollarse en el argón casi sin necesidad de oxígeno. Como señalan los autores, sus resultados indican que «si bien las 30 plantas superiores utilizadas son representativas del conjunto de las plantas terrestres, muchas (tal vez la mayor parte) no necesitan más que un poco de oxígeno; algunas (puede que bastantes) pueden ser calificadas como aficionadas a las bajas presiones de oxígeno, y una minoría notable (tal vez un 10 por ciento) puede funcionar sin oxígeno en absoluto».

También se puede combinar el bajo contenido en oxígeno con las bajas temperaturas. Un punto muy importante es que las plantas criadas con bajos contenidos de oxígeno resisten bastante mejor las heladas (—10°) que las que se han desarrollado en las condiciones normales de la Tierra. Por último, debajo de los 10°, los granos de pepinos no germinan en diez días, sino con una tasa inferior al 10 por ciento de oxígeno. Las semillas conservadas en argón a 0,005 por ciento de oxígeno germinan, en cambio, en veinte días, dentro de una proporción de 50 a 90 por ciento en + 6°/ + 7°. Incluso la planta echa raíces que crecen a un ritmo de 10 milímetros por día.

Sin embargo, nadie ha dicho nunca que el pepino fuera particularmente resistente al frío. Es verdad que se les ha dado, a los capullos, entre un 1 y un 2 por ciento de agua en el suelo, mientras que en el suelo marciano probablemente no se encontrará ni siquiera diez veces menos cantidad, y tampoco es menos

(1) Ver *Nature* del 26 de enero de 1963, página 329.

cierto que no podemos saber definitivamente si no puede haber acumulaciones locales de agua en el suelo marciano, cierto tipo de «microclimas húmedos».

Tengamos en cuenta también que la presión de la mezcla gaseosa era igual a la presión atmosférica, mientras que en Marte la misma es muy inferior, apenas un poco mayor que la que reina en la cumbre del monte Everest. También los experimentadores decidieron llevar a cabo una gran prueba, sometiendo las plantas no solamente al frío, no solamente a muy bajas presiones de oxígeno, sino también a una presión muy baja. De todos modos, no se atrevieron en esta ocasión a exponer a los pacíficos pepinos, sino que eligieron plantas de rocallas notoriamente resistentes, como por ejemplo el euforbio *(Euphorbia clandestina)*. La atmósfera tenía la siguiente composición: oxígeno: 0,09 %; gas carbónico, 0,24 %; argón, 1,39 %, y nitrógeno, 98,28 %. La presión era sólo de un décimo de atmósfera. El «suelo» estaba formado de «perlita», que es una especie de piedra pómez sin duda similar a las rocas volcánicas que deben hallarse en Marte, y que contenía 0,5 % de agua. En cuanto a la temperatura, la experiencia se desarrolló en enero, febrero y marzo en un invernadero no climatizado. Los más altos promedios diarios para esos tres meses fueron de + 5°, —2° y + 8°, respectivamente; los promedios mínimos nocturnos fueron de —9°, —12° y 0°. A finales de febrero, los cuatro especímenes a los que se había hecho crecer al aire, estaban muertos. Pero los cuatro desarrollados en la atmósfera sintética de baja presión eran normales. Sin embargo, a fines de marzo todos habían muerto; tal vez haya hecho falta extraer de entre los granos de *Euphorbia* a los que pudieran soportar mejor esas condiciones extremas.

Es muy de lamentar que los autores no hayan experimentado con musgo, con hongos y, sobre todo, con líquenes. Dios sabe lo que pudieron haber obtenido, especialmente con los últimos. ¿Sabían que los líquenes más grandes del mundo (¡dos metros de circunferencia!) se encuentran en las rocas del continente antártico?

7 — 3.316

¿ES INEVITABLE LA MUERTE?

Ésta es una pregunta que puede parecer irremediablemente paradójica y absurda. Estamos tan habituados, nosotros, mamíferos, al hecho de que todo ser vivo nace, se desarrolla y muere, que la generalización de este hecho a todo el reino animal y vegetal no parece plantearnos ningún tipo de problemas. A pesar de todo, para las bacterias o para los grandes árboles, el curso de la vida es, desde todo punto de vista, muy diferente al nuestro. La división de las bacterias que se separan en partes iguales, nos permite afirmar sin metáforas que las bacterias actuales son en cierto sentido aquella bacteria primordial que vivió hace millones de años en la «sopa primitiva» de los océanos. Los grandes árboles viven decenas de siglos y parecen no morir sino accidentalmente, como el secoya de América. También se sabe que, incluso entre los peces de nuestros ríos, la muerte no marca un plazo fatal, que sobreviene en una fecha, siempre la misma. En efecto, su crecimiento nunca se detiene, como en los mamíferos, sino que continúa a lo largo de toda la vida que, sin duda, puede llegar a prolongarse más de un siglo. Ésta debe ser la razón por la cual a veces se encuentran carpas y lucios gigantescos. Incluso entre los insectos, donde la vida es, a veces, sorprendentemente breve en la edad adulta, se conocen excepciones como las reinas de los insectos sociales que viven numerosos años. Sin embargo, a la edad larval la vida puede ser muy larga. Entre las larvas que se desarrollan en la madera seca, la edad adulta puede no ser alcanzada hasta después de 15 ó 20 años.

Pero el caso más extremo de todos los casos extremos lo constituyen sin duda unos extraños animales que forman por sí mismos un encadenamiento especial, el de los pogonóforos. Serían unos animales parecidos, si pudiera decirse, a los llamados tunicados, unos animales todavía más raros (por ejemplo, estos últimos han encontrado el medio de almacenar grandes cantidades de vanadio extraído del agua del mar, aunque el vanadio figura en ínfimas cantidades en la misma); a los tunicados pertenecen las holoturias, que hacen las delicias de los chinos. Los pogonóforos tienen un cuerpo muy alargado con unos tentáculos interminables con la ayuda de los cuales se alimentan de una manera muy particular, sobre todo teniendo en cuenta que carecen de intestinos: son los tentáculos los que los remplazan. Los pogonóforos se encuentran sobre todo en los abismos marinos, y Engemann ha estudiado hace poco la edad que pueden alcanzar (1). El tubo que recubre al animal comienza cerca de la superficie de los sedimentos, donde éstos existen, y puede alcanzar longitudes considerables (*Zenkewitchiana longissima* tiene un tubo de un metro y medio). La edad de los sedimentos que se encuentra contra la extremidad del tubo puede informar respecto a la edad del animal, dado que esos tubos, muy blandos, no pueden penetrar en el limo, y que la longitud del tubo excede en mucho a la del animal. Cada tubo no parece estar ocupado más que por un único individuo. Si una de las larvas remplaza a sus padres en el interior de un tubo se descubrirán, muy probablemente, ciertas lagunas en las zonas de crecimiento, lo que no es corriente que ocurra.

Ahora bien, los sedimentos que se hallan en la extremidad inferior del tubo, demuestran que el mismo se encuentra en ese lugar desde hace, por lo menos, 25.000 años. Si tomamos el caso extremo de la *Zenkewitchiana*, admitiendo una tasa de crecimiento en la sedimentación de 3 centímetros cada mil años, y admitiendo también que sólo la mitad del tubo se encuentre enterrada en el limo del fondo, se obtienen los siguientes resultados:

$$\frac{75 \text{ cm} \times 1.000}{3} = 25.000 \text{ años}$$

Si reducimos la velocidad de sedimentación a 1 milímetro cada 250 años, como lo admiten ciertos oceanógrafos, y suponiendo que un metro de tubo se halla enterrado, se obtiene lo siguiente:

$$\frac{1.000 \text{ mm} \times 250}{1 \text{ mm}} = 250.000 \text{ años}$$

(1) Ver *Michigan Acad. Sc., Arts, Letters*, n.° 411, 1968, páginas 105-108.

Los anillos que se encuentran en el tubo corresponden tal vez a unas zonas de crecimiento anuales; en esos casos, se pueden fijar edades de por lo menos 1.000 años, y, por lo tanto, los pogonóferos siguien siendo los campeones de longevidad.

Todo esto es sorprendente y hasta ahora no se conocían ejemplos similares dentro del reino animal. Evidentemente, los cálculos pueden ser falsos a causa de la omisión de algún factor que desconocemos; los grandes abismos marinos siguen siendo un dominio de todo punto de vista misterioso. Igualmente, el frío de los abismos y su medio ambiente de una constancia climática absoluta podrían muy bien formar el medio ideal para los animales de larga vida. Por otro lado, como se alimentan de partículas microscópicas, no pueden ser sino muy raros en el fondo de los abismos, lo que iría en el mismo sentido de un crecimiento muy lento, habitualmente asociado a una gran longevidad.

EL HOMO PONGOIDES DE HEUVELMANS

Es la historia más asombrosa tal vez que me han contado en muchos años. Les presento a Heuvelmans: naturalista, explorador y escritor científico. También es un doctor en ciencias cuya tesis, altamente técnica, no es especialmente divertida de leer. Pero, muchos años después de aquello, el virus de la herejía comenzó a agitarle el cerebro. Puede ser, dijo, que la Zoología no esté terminada, después de todo; ¿y si existieran más fósiles vivos de los que se suponía? Y no sólo microscópicos, sino grandes, muy grandes. Los relatos de los cazadores abundan en «historias de caza», evidentemente, pero a fin de cuentas el hombre generalmente no inventa nada, sino que adorna, interpreta y exagera con un fondo de verdad la mayor parte del tiempo. Ahora bien, los cazadores de la selva virgen o de regiones poco exploradas del Globo hablan de bestias extrañas, a veces incluso monstruosas (el «lagarto gigante» que frecuentaba los pantanos de Bahr el Ghazal, por ejemplo). Una de estas bestias tenía la parte trasera de una cebra, el cuello de una jirafa y las orejas de un asno... «Esos malditos negros han estado bebiendo mucho vino de palma», se reían hace algunos lustros, los europeos a los que se hablaba de ese asunto. Y nadie creía en él. Posteriormente, la bestia fue atrapada: se trataba del okapi. Si alguna vez tengo tiempo, recogeré aquellos artículos muy sabios, escritos por unos colegas muy serios, en los cuales se hacía el ridículo de «la hipótesis» del okapi. Debe de haber varias decenas de artículos de ese tipo.

Según Heuvelmans, hay muchos mamíferos «okapoides» cuya existencia se niega y que un día serán atrapados. Por otra parte, Heuvelmans acaba de perderse para el *establishment* científico, al escribir un enorme volumen muy documentado sobre la serpiente de mar...

Aquello ya fue algo temerario, aunque haría cosas todavía peores...

Heuvelmans se trasladó en 1968 a Nueva Jersey cuando uno de sus amigos lo llevó a identificar el cadáver de un ser peludo de apariencia humana expuesto dentro de un bloque de hielo en una feria campestre de los alrededores (1). Ciertos detalles singulares le habían llamado la atención. El propietario contaba una historia inverosímil según la cual el sujeto, ya metido en el bloque de hielo, había sido descubierto por unos pescadores a la altura de Kamchatka o en el mar de Bering. Posteriormente lo habían trasladado a Hong Kong y de allí habría pasado a América.

El feriante, F. D. Hansen, voluntariamente permitió que Heuvelmans examinara al espécimen, es decir, que lo fotografiara. Para hacer un examen completo habría hecho falta abrir el grueso cilindro de vidrio que lo rodeaba y hacer derretir el hielo, a todo lo cual Hansen se opuso absolutamente. El aspecto del objeto era indudablemente muy extraño, como veremos en seguida. Sin embargo, la primera pregunta que había que hacerse concernía evidentemente con su autenticidad: ¿Se trataba realmente de un animal (¿un antropoide?) nuevo y desconocido, o era simplemente una fabricación de los falsarios chinos? Éstos son especialistas en hacer y ensamblar «quimeras» extravagantes de ese tipo, apropiadas para asombrar a los ingenuos espectadores. Por otra parte, eso era lo que Hansen sugería.

(1) Ver *Bulletin de l'Inst. Royal Sci. de Belgique,* n.° 45, 1969 (24 páginas).

Sin embargo, un cierto número de detalles se oponía a esta interpretación. El sujeto no podía estar constituido enteramente de material plástico o de cera, dado que presentaba signos de putrefacción avanzada (en el dedo gordo del pie) y estaba recubierto por una abundante pilosidad, también muy interesante para ser estudiada. Además, desde el punto de vista psicológico, los falsarios, cuya cultura zoológica es generalmente muy modesta, intentan fabricar cosas bestiales, muy alejadas del hombre actual, con el fin de provocar el mayor horror en el público. Ahora bien, éste no era el caso del sujeto peludo, cuyos rasgos eran evidentemente humanos, sin prognatismo, sin arcadas superciliares, sin las piernas torcidas.

De todos modos, podía haber sido parcialmente fabricado mediante el ensamblaje de miembros pertenecientes a individuos de diversas especies. Es verdad que no se veía ninguna sutura, pero Heuvelmans mismo se encargaba de subrayar la habilidad diabólica de los artesanos chinos en esta materia, muy capaces de realizar costuras invisibles.

Las posibilidades de elección ya se habían visto reducidas: hubiera hecho falta ensamblar una cabeza humana, un cuerpo de chimpancé (a causa de la blancura de la piel y del color del pelo) y unos pies de tipo humano. Sin embargo, las proporciones corporales eran más las de un hombre que las de un chimpancé. Por otra parte, los pies, si bien eran de tipo humano, diferían bastante de los pies del hombre actual.

¿Se trataría de un hombre contemporáneo, pero anormal? Se podía, en ese caso, pensar que se trataba de hipertricosis, de la cual ya se han registrado muchos ejemplos, aunque ninguno comparable al espécimen en cuestión. Desde el punto de vista de la hipertricosis, era un caso indudablemente original. Si se trataba de un anormal, no entraba en ninguna de las categorías conocidas.

Solamente quedaba por examinar la otra hipótesis, que cuenta con las preferencias de Heuvelmans: Según esta hipótesis, se trataría de un ejemplar de una raza de *Homo sapiens* aún desconocida. Si esto es así, esta raza difiere de todas las razas actualmente conocidas por su extrema pilosidad comparable a la de los grandes antropoides, por la aparente brevedad del cuello, por la forma ovoide del tronco, por la más acentuada convexidad del tórax, por la extrema longitud de los brazos, por el tamaño desproporcionado, por lo grande, de las manos y de los pies, por las proporciones de los dedos de las manos y de los dedos de los pies, tanto en lo que respecta a su grosor relativo como a su largo relativo. La mayor parte de estas trazas concuerdan con lo que sabemos sobre el hombre de Neandertal clásico.

¿QUÉ LE SUCEDIÓ REALMENTE AL HOMO PONGOIDES?

Desde la primera inspección, Heuvelmans dejó constancia de algunos hechos turbios, en primer lugar el estado de frescor del cadáver. Salvo por un principio de descomposición junto al dedo de un pie, estaba intacto. También tenía un antebrazo quebrado y la parte de atrás de la cabeza deshecha, faltándole un ojo y teniendo el otro fuera de la órbita. El sujeto podía haber sido abatido por un balazo o por dos, habiéndole roto un brazo una bala y penetrado la otra por la órbita derecha haciendo salir el ojo izquierdo de su órbita y saliendo por la parte occipital de la cabeza.

Por otra parte, el hielo que lo rodeaba era transparente y permitía una inspección relativamente fácil, de lo cual se puede sacar la conclusión de que no fue congelado naturalmente. En efecto, y contrariamente a lo que se cree, no basta colocar un cadáver de gran tamaño en hielo a una temperatura cercana a los cero grados para conservarlo. Hace falta un frío mucho más intenso, del orden de los —30° a los —40° (y aún más), temperaturas que se producen cerca de los polos, pero no en todas las estaciones. Los mamuts de Siberia no se conservaron en el hielo, sino en arcilla helada, muy pobre en oxígeno y que retarda por sí misma la putrefacción. Y también los mamuts están muy lejos de hallarse en el estado de frescor en que se hallaba el espécimen de Heuvelmans. Y, por último, el hielo formado en la naturaleza no tiene esa transparencia, por lo cual era seguro que el hombre había sido «congelado» artificialmente. Aquí llegamos a otra comprobación enloquecedora: se distinguían bolsas y regueros de sangre en el hielo. Por lo tanto, el sujeto había sangrado poco antes de la congelación. Estaba, pues, muy fresco. No hacía mucho tiempo que estaba muerto.

Heuvelmans creía poder imaginar lo que había debido ocurrir. La historia de Hansen, el propietario del ser del hielo, no tendría más que vínculos muy remotos con la verdad. El hombre habría sido abatido por cazadores en Asia o en América. Era posible que lo hubiesen tomado por un mono o un oso. Al darse cuenta que el «animal» parecía ser un hombre se asustaron ante la posibilidad de verse complicados con la ley americana, que no es especialmente tierna en lo que respecta al homicidio y que prohíbe, además, la exhibición de cadáveres humanos. Por este motivo forjaron una historia que no tenía ni pies ni cabeza. Esta teoría podría explicar la actitud de Hansen, que se mostró muy reticente cuando se le propuso la compra del espécimen y cuando se le pidió que lo dejara examinar a fondo en un laboratorio, Hansen sugirió, no sin insistir, que podría tratarse de una «quimera» fabricada por los chinos. Ahora bien, ¿qué riesgo corría dejando examinar una quimera? Sin embargo, no parecía tener ningún deseo de enfrentarse con las autoridades y mucho menos con la Policía. Y así, por su culpa, no tenemos más documentos que la descripción de Heuvelmans.

LAS HISTORIAS DE «HOMBRES SALVAJES»

Evidentemente, el lector se verá sorprendido por el hecho de que yo parezca considerar a sangre fría la existencia de un fósil humano que haya escapado hasta ahora a las investigaciones. Aunque si ha oído hablar del «abominable hombre de las nieves», sin duda no ignora que no hay nada más corriente que las historias de hombres salvajes, y no solamente en Asia, sino también en América del Sur y del Norte y en la misma Rusia. Siempre existe el mismo problema: la gente se niega a darle crédito al testimonio humano cuando se trata de hechos extraordinarios.

En todo caso, Linneo ya había hablado de hombres salvajes y peludos para los cuales creó la especie *Homo nocturnus*. Antes de Linneo, el famoso jesuita Atanasio Kirchner reporta la existencia de esos hombres en China (1). Pero, más cerca de no-

(1) Kirchner (A.): *China monumentiis qua sacris qua profanis* (1766).

sotros, los trabajos sobre los hombres peludos son debidos, sobre todo, a biólogos rusos y mogoles, en particular a Porchnev, director del departamento en el Instituto de Historia de la Academia de Ciencias de la URSS.

En el Himalaya, los testigos han descrito tres tipos distintos de hombres peludos, pues su talla difiere enormemente: de 90 centímetros a 2 metros 40 centímetros. Jajlov describe de este modo al hombre salvaje de Dzungaria:

Talla mediana, con pelos sobre todo el cuerpo, ausencia de frente, de arcadas superciliares y de mandíbulas prominentes, una nariz que parece como hundida, largos brazos, piernas cortas con la planta del pie ancha. Carencia de cejas, carencia de mentón, labios no discernibles. Dientes grandes y poderosos. Fosas nasales abiertas, orejas aparentemente recubiertas por una larga cabellera que cae desde lo alto de la cabeza. Los dedos gordos de los pies cortos, macizos y colocados muy al costado; los brazos cubiertos de pelos, menos en los codos y en las palmas de las manos. Las plantas de los pies y las rodillas guarnecidas por una piel desnuda y dura. La piel del rostro, oscura.

Es sorprendente comprobar hasta qué punto, por lo que se puede apreciar, el hombre de Heuvelmans se parece a la descripción de Jajlov.

LO RARO EN LA EVOLUCIÓN DEL HOMBRE

Y ya que estamos en el tema de los fósiles vivientes, veamos si todo está claro respecto a los antiguos restos del hombre. ¡Todo se halla muy lejos de estar claro en este asunto! No se creería en este aserto de comprobar la suprema seguridad de ciertos paleontólogos que lo saben todo, según dicen ellos, respecto al phylum humano y a su desarrollo en el transcurso de los milenios.

Sería demasiado largo pasar revista a las dificultades, que son casi tan numerosas como los hechos nuevos. Me contentaré con un caso verdaderamente muy extraño, el del hombre de Boskop. ¿Sabían ustedes que nuestro cráneo no ha aumentado, sino disminuido, y muy sensiblemente, desde la época de Cro-Magnon?

Éste es un caso que ha convulsionado a los paleontólogos, que se dividen muy claramente en boskopófilos y en boskopófonos. Para estos últimos, los restos hallados en 1913 en una finca cerca de Boskop (una ciudad del distrito de Potchefstromm, en el Transvaal), no alcanzan en absoluto para definir una raza de Boskop, como la denominan los primeros, que habría poblado el África antes de la llegada de los bosquimanos. Para los primeros, por el contrario, se trataría de un tipo muy característico del Mesolítico.

La discusión es horriblemente larga, horriblemente embarullada y tan fatigosa que les haré la gracia de pasarla por alto. Creo, sobre todo, que los protagonistas olvidan el punto central: el gran cráneo del hombre de Boskop y de la raza de Cro-Magnon en general. El propio Singer (*Man*, 1958, 232), reconoce que «el cráneo es de una capacidad sorprendente», 1.600 centímetros cúbicos y más, unas dimensiones que no se alcanzan en el término medio de las razas europeas actuales. Por otra parte, me gustaría citar la respuesta a una de mis cartas del famoso antropólogo Tobias, de Johannesburgo, en la cual he tenido el escrúpulo de cambiar una palabra:

Seguramente se puede decir que no sólo el hombre de Boskop, sino también los hombres de Cro-Magnon, que tenían un cráneo muy grande, más grande, hace 20 ó 25.000 años, que el cráneo del hombre en el presente [...] *No creo que podamos seguir considerando, durante mucho tiempo, que el hombre del futuro tendrá una cabeza mucho mayor que la que tenemos nosotros en la actualidad.*

En efecto, la Paleontología nos demuestra todo lo contrario, pues, según ella, el máximo de desarrollo cerebral está muy lejos detrás de nosotros... Naturalmente, no ignoro en absoluto las variaciones enormes en cuanto al peso del cráneo que existen en nuestros días y la falta de correlación que hay entre el peso de ese órgano y la inteligencia general del sujeto o el grado de civilización que ha podido alcanzar. Sin embargo, es éste un indicio que no conviene descuidar.

Y, a propósito de cráneos, ¿no han notado ustedes que ése es el único órgano del hombre de Cro-Magnon que no estaba adaptado al presente sino al futuro? Puesto que se trataba del mismo tipo de cráneo que el nuestro, sólo que un poco más grande. ¿Y qué podía hacer entonces con un cráneo tan grande? Nada, evidentemente, sino hasta mucho tiempo después.

EL MONSTRUO DE LOCH NESS

Sé con certeza que el más maldito de todos los temas malditos es el del monstruo de Loch Ness. *Nessie*, como lo llaman afectuosamente los escoceses para los cuales constituye una gloria nacional.

Ahora bien, es necesario distinguir muchos puntos en esta historia de Loch Ness. ¿Es que existe en sus profundidades un monstruo prehistórico, del tipo de los plesiosaurios, por ejemplo? No haya nada menos seguro. Pero, por el contrario, ¿existen pruebas objetivas de que hay alguna cosa extraña que se desplaza en el Loch y que de tiempo en tiempo emerge a la superficie? Sí, existen numerosas pruebas, fotografías, registros hechos con sonar, etc.

Pasemos por alto los relatos (innumerables) de los testigos. El hecho más serio fue llevado a cabo en 1954 por el capitán de un pequeño barco, llamado Anderson, que se paseó por el Loch Ness haciendo funcionar su sonar. El aparato trazó de inmediato los contornos de un objeto curioso de alrededor de 17 metros de largo, alargado, cilíndrico, con una extremidad alargada (la «cola») y una prolongación anterior de pequeño tamaño (la «cabeza»). Utilizo las comillas porque, naturalmente, toda la tripulación, llamada a grandes gritos por el operador del sonar, juró que aquello no podía ser otra cosa que el monstruo de Loch Ness. El objeto se desplazaba a 170 metros, es decir 60 metros por encima del fondo del lago. El gráfico del sonar fue enseñado después a L. A. Southfort, experto en sonar, que declaró:

El gráfico corresponde a un animal, pero seguramente no a una ballena, sino a alguna otra especie de pez (!) *de la cual jamás hemos oído hablar.*

Dejando de lado la tendencia, que es típica de un ingeniero, de confundir la ballena con un pez, podemos sacar la conclusión de que este experto, que había estudiado centenares de registros de sonar, nunca había visto nada parecido.

Esto hizo reflexionar a un cierto número de personas que hasta entonces habían considerado el monstruo de Loch Ness únicamente como un «truco» inventado por los escoceses para atraer a los turistas y su dinero hacia las orillas del Loch Ness. Un ingeniero en aeronáutica, Tim Dinsdale, decidió salir finalmente de dudas. Se apostó, en abril de 1960, junto a la ribera del lago, provisto de una cámara de 16 milímetros y decidido a esperar todo el tiempo que fuera necesario. Después de 78 horas de vigilancia, notó un cuerpo negruzco que emergía del agua a 1.300 metros de la costa y que apuntaba hacia su teleobjetivo. El objeto parecía flotar, luego se formaron unos remolinos mientras el objeto se alejaba hacia la orilla opuesta hendiendo el agua como la quilla de un navío. El desplazamiento se llevaba a cabo en zigzag; luego el objeto desapareció y finalmente volvió a aparecer hacia la otra orilla con emisiones rítmicas de espuma que hicieron pensar a Dinsdale en golpes de remo de una enorme potencia. De este modo pudo tomar quince metros de película.

Dinsdale volvió el día siguiente con un amigo que conducía una lancha de motor; le pidió que siguiera el mismo camino que había seguido el objeto de la víspera y lo filmó desde la misma posición. Así obtuvo un filme de referencia en cuanto a la distancia, al tamaño del objeto y al desplazamiento del mismo según lo había filmado un día antes.

La película fue proyectada por la televisión inglesa aquel mismo año, lo cual no impresionó en absoluto a la ciencia oficial. De todos modos, un hombre político y periodista enérgico, David James, fundó, en 1962, un despacho para el estudio del Loch Ness y envió el filme de Dinsdale al servicio de contraespionaje del Ejército pidiéndole una opinión sobre el mismo.

Los servicios competentes, mojaron siete veces la pluma en el tintero antes de contestar, pero finalmente respondieron. Según ellos, «el objeto de Dinsdale» se elevaba 33 centímetros por encima del agua, se desplazaba a 10 millas por hora, no era ni un navío de superficie ni un submarino, aunque se trataba, por supuesto, de un «objeto animado». Reconocieron que se había empleado un teleobjetivo de 135 milímetros y que Dinsdale se encontraba a 100 metros por encima de la superficie del Loch. Estimaron la longitud del barco testigo, que desconocían, y no se equivocaron más que en seis pulgadas, lo que demuestra la seriedad del examen efectuado. Para terminar, admitieron que, incluso teniendo en cuenta que la parte inferior del objeto fuera relativamente aplastada, el mismo debía sobresalir del agua unos 66 centímetros, lo que le daría un diámetro de un metro y medio a dos metros.

Evidentemente, los innumerables dibujos de los observadores y las diversas fotos, así como las fotos de Dinsdale, evocan la imagen de un plesiosaurio, animal extinto desde hace 70 millones de años. De todos modos, los buzos y las batisferas sumergibles no pudieron distinguir gran cosa, puesto que el agua del Loch es oscura y barrosa. Sin embargo, en 1968, el departamento de electrónica y de tecnología eléctrica de la Universidad de Birmingham ensayó en el Loch un nuevo sonar muy perfeccionado. El registro fue fotografiado cada diez segundos durante diez semanas y permitió descubrir dos objetos de gran tamaño que se desplazaban en el interior de las aguas del lago. El *New Scientist* (19 de diciembre de 1968) publicó al respecto un resumen de dos páginas. Se supuso que podría tratarse de dos grupos de peces, pero las velocidades de inmersión y de ascensión eran tan grandes que los especialistas en pesca se mostraron escépticos. Finalmente, la oficina de investigaciones sobre el Loch Ness efectuó la compra de un submarino de bolsillo equipado con un sonar y un tipo de arpón destinado a arrancar un trozo de la piel de *Nessie.*

Y fue entonces cuando todo se complicó. Lord Lovat, un político de mucho peso en la región, no quería que nadie le hiciera daño a *Nessie.* El nacionalismo escocés se convulsionó, puesto que en Escocia se considera a *Nessie* como parte integrante del patrimonio nacional y no se entendía por qué los ingleses querían molestarle, etc. A fines de 1969 se discutía aún y no se había hecho nada. Únicamente hay una cosa que parece segura: algo grande y desconocido se pasea por las profundidades del Loch Ness.

LA PARAPSICOLOGÍA, ALGUNOS PUNTOS DE REFERENCIA

Menos aún que en el caso de los platillos volantes, no es posible hacer aquí una información exhaustiva. Se han escrito sobre este tema bibliotecas enteras. Hace falta tener alguna idea antes de pretender dar una opinión sobre la Parapsicología.

Vamos a recordar brevemente eso que todo el mundo sabe o debería saber, después de lo cual atacaremos el otro problema, más importante a mi modo de ver. ¿Dónde estamos actualmente?

EL BALANCE DEL PASADO

He aquí que, después de un período «prehistórico» en el que se interrogaba a los médiums, se hacía girar mesas y se escuchaba a los «espíritus», un cierto desencanto hizo presa del público. Bastantes grandes sabios habían empezado a interesarse mientras tanto en el espiritismo y en la metapsíquica, puesto que no se hablaba todavía de Parapsicología: Bergson, Charles Richet, Crookes y muchos otros. Solamente los tiempos no estaban maduros; las comunicaciones de los espíritus o de los que se decían tales no se elevaban casi nada por encima de una desoladora banalidad. Y se tenía la sensación de estar dando vueltas en redondo. Por otro lado, casi todos los médiums se revelaban, más pronto o más tarde, como unos farsantes. Hacía falta estar siempre ojo alerta y una legítima sospecha de fraude mancillaba a menudo las experiencias conducidas con la mayor seriedad. A pesar de todo, ¿es que se puede retener alguna cosa de los primeros años de la Metapsíquica?

Evidentemente, durante los últimos años del siglo XIX y los primeros del siglo XX, la ciencia no estaba tan adelantada como lo está actualmente, según podría decir Pero Grullo. De todos modos, la ciencia existía. Ya se utilizaba, con buenos fines, la fotografía instantánea, y las reglas del método científico eran conocidas por todos. Se intentaba, un poco al azar, ir avanzando en diferentes direcciones: el empleo del hipnotismo, el uso de las mesas giratorias, los «efectos físicos», la psicometría. ¿Qué es lo que ha quedado?

LA HIPNOSIS

En lo que concierne a la hipnosis, nuestros antepasados eran bastante más audaces y más ingeniosos que nosotros. Recordemos que todavía no sabemos exactamente en qué consiste este fenómeno tan singular, aunque se le utilice corrientemente en Terapéutica. Sé muy bien que han existido las exageraciones de Charcot y de su escuela de la Salpêtrière que habían cogido bastante tendencia a considerar la hipnosis como una panacea, no habiéndola utilizado siempre con el discernimiento y la prudencia que eran necesarios. Pero, de todos modos, yo no conozco muchas experiencias parapsicológicas más bellas que las del doctor Azan, hacia 1890, que encerraba a un sujeto hipnotizado en una pieza, pasaba él a una pieza vecina y se ponía sal en la boca y en la otra pieza, el sujeto decía: «Está salado.» En las manos de los parapsicólogos modernos, la hipnosis no ha arrojado grandes resultados. Sin duda porque nosotros utilizamos solamente el trance liviano y no, como antaño se usaba, el trance profundo, puesto que tal vez así sea más difícil dominar al sujeto. De todos modos, he aquí un campo apenas explorado y en el cual, sin embargo, nuestros antepasados habían puesto un gran interés.

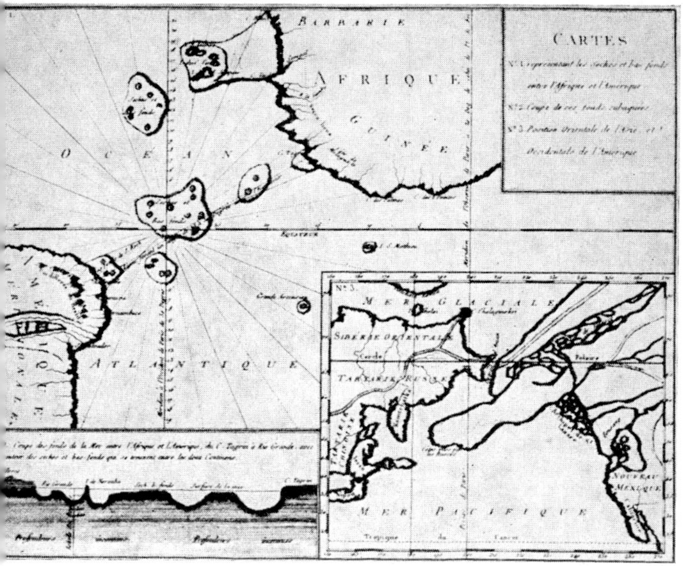

Fig. 1 — El mapa del Atlántico, según Bauche.

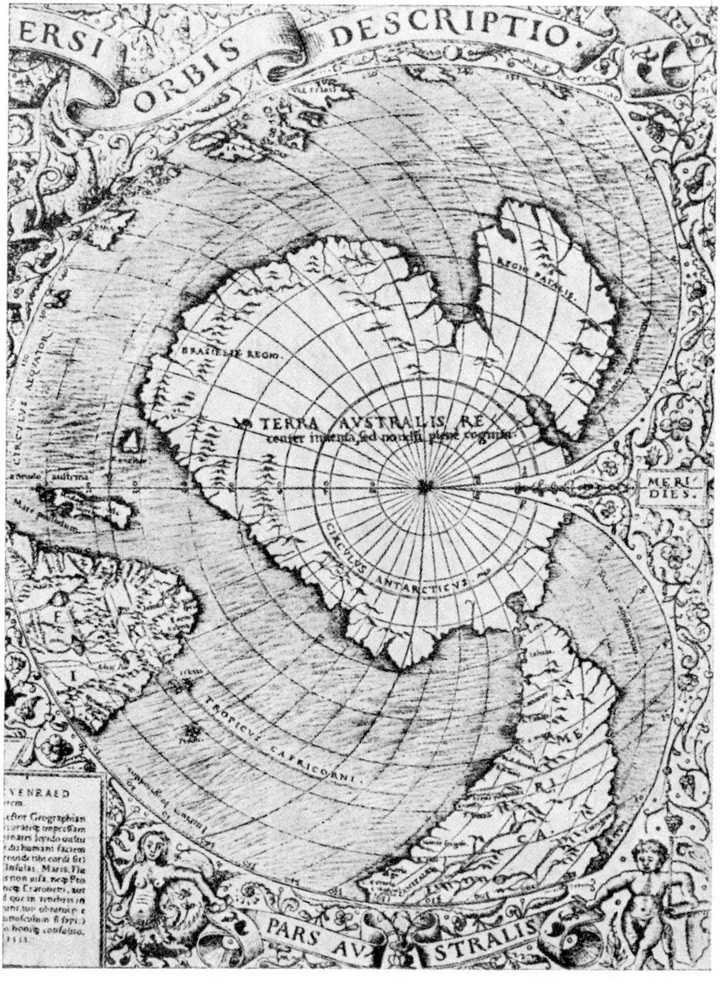

Fig. 2 — La porción del mapa de Oronteus Finaeus, que representa a Antártida.

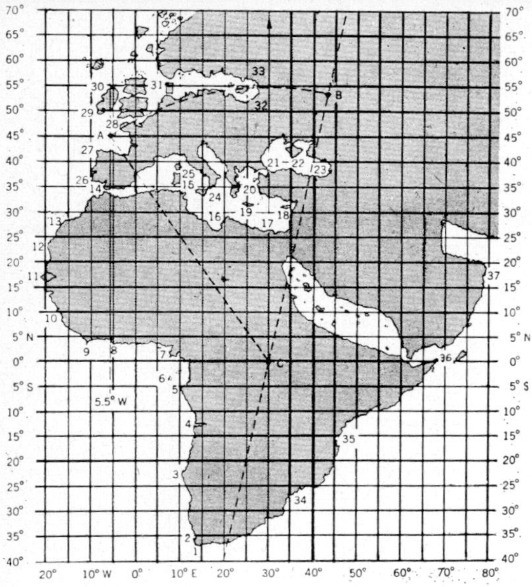

Fig. 3 — Mapa de África, de De Canerio (1502), con entramado oblongo construido mediante trigonometría esférica.

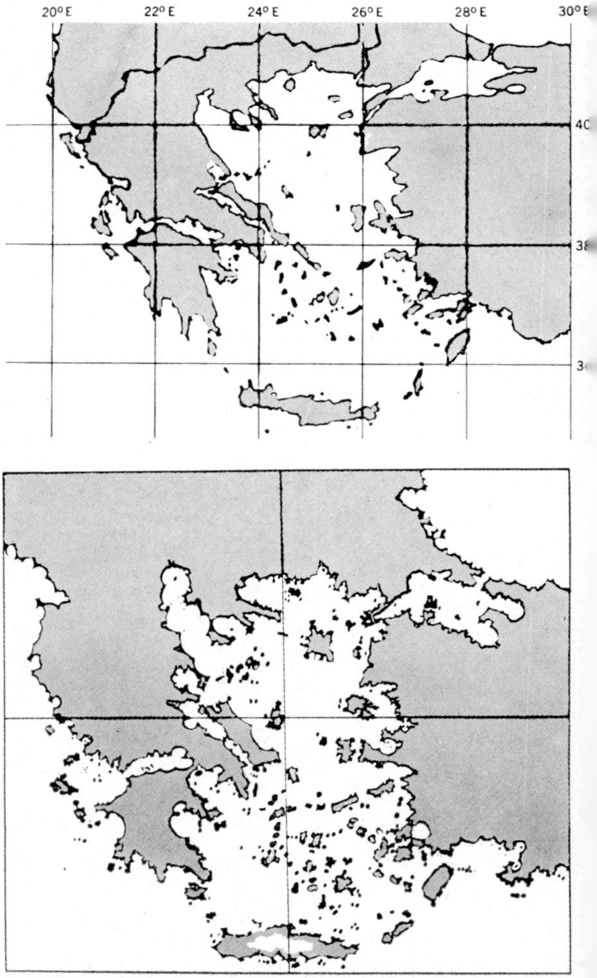

Fig. 4 — **Arriba:** Mapa moderno del mar Egeo. **Abajo:** Porción del mapa de Ibn ben Zara, que representa el mar Egeo. *(De Chilton Books. Foto Dorka.)*

Fig. 5 — Stonehenge: el impresionante misterio de un conjunto megalítico perfecto. *(Foto J. Allan Cash.)*

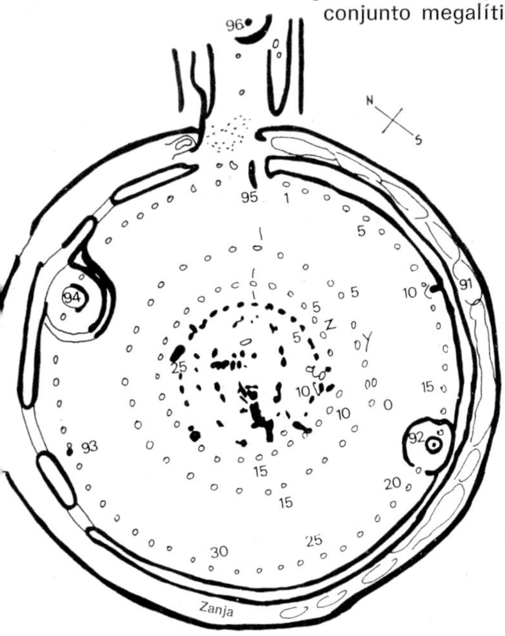

Fig. 6 — Plano muy simplificado de Stonehenge. Hemos suprimido la numeración de las piedras centrales (en negro), porque hasta el presente los astrónomos no las han utilizado en absoluto para sus cálculos.

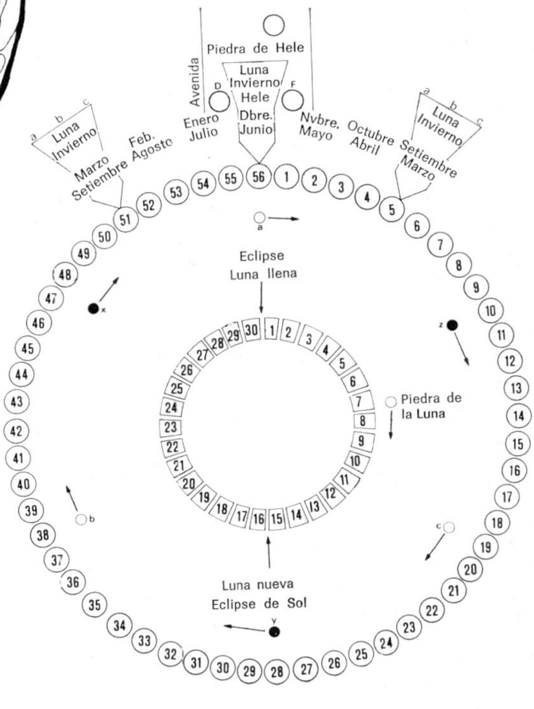

Fig. 7 — La teoría de Hawkins sobre la manera de servirse de Stonehenge para predecir, entre otras cosas, los eclipses. *(De «Nature».)*

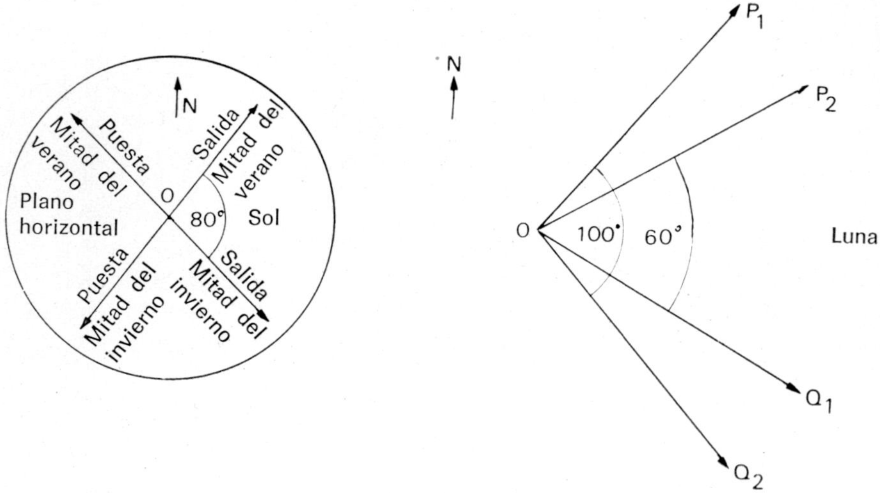

Fig. 8 — Figuras de Hoyle relativas a la orientación de Stonehenge en relación con el Sol y la Luna.

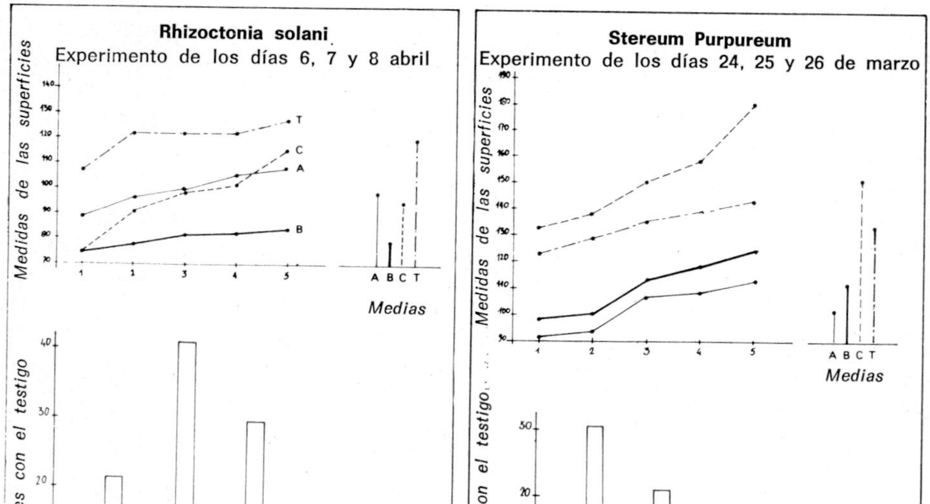

Fig. 9 — Experimento del doctor Barry sobre el crecimiento de los hongos, T, testigo; A B C diversos experimentadores; el sujeto C es hostil a la parapsicología. Los gráficos de la parte de arriba de la figura representan el crecimiento de los hongos testigos (T) y de los otros tres lotes de hongos sometidos al experimento. En abscisas, las fases sucesivas durante las cuales los hongos han sido sometidos a la influencia *psi*. Al lado, las medidas de crecimiento. Debajo, las diferencias con el crecimiento del hongo testigo representado en la zona blanca.

LAS MESAS GIRATORIAS

¿Y las mesas giratorias? ¿Es que siguen mereciendo que uno se ocupe de ellas? Esta antiquísima técnica (se remonta a Babilonia, por lo menos), sigue ofreciendo un gran interés, según mi parecer. A menudo se sustituye la mesa giratoria por un vaso sin pie vuelto boca abajo, con el fondo hacia arriba, en el que los participantes del experimento colocan los dedos, sin apoyarlos. Al cabo de cierto tiempo, el vaso se pone en movimiento. Si se han dispuesto alrededor del borde de la mesa las letras del alfabeto, el vaso podrá formar palabras y aun responder a preguntas. Eso depende de los sujetos que se hallen presentes.

Notemos, en primer lugar, un punto esencial contra los espiritistas, ya que está fuera de duda que son los experimentadores los que hacen mover el vaso. De acuerdo. Los espíritus o el diablo deben de tener otras cosas que hacer en vez de sacudir una mesa o mover un vaso. Solamente, atención. Los experimentadores no tienen conciencia de las minúsculas presiones que ejercen sobre el vaso, y lo más curioso es, sin duda, el acuerdo inconsciente que hay entre ellos porque, evidentemente, si cada uno moviera el vaso a la derecha y a la izquierda, no se desplazaría tan rápidamente y de una forma tan determinada como sucede realmente. Se me objetará que no se puede estar nunca completamente seguro respecto a la no existencia de un fraude. Sin embargo, yo tengo un argumento radical: en el curso de experiencias personales, utilizando un cuerpo móvil muy liviano, he podido comprobar que un solo sujeto, en aquel caso yo mismo, podía obtener perfectamente resultados y desplazamientos. La impresión de estar siendo arrastrado por el objeto, que el objeto le «tira del dedo» a uno, llevándolo hasta los bordes del disco sobre el cual se desplaza, esa ilusión es de una fuerza asombrosa. Yo no he visto que se formen palabras, o por lo menos que se formen frases con un sentido cualquiera. Pero el análisis se hace mucho más fácil, ciertamente, puesto que no hay necesidad de reunir no sé cuántos sujetos para obtener un resultado. En una palabra, creo que se trata de un instrumento milagroso, que está en contacto directo con el inconsciente o con el subconsciente, pero del cual es necesario aprender a servirse. Si se pudiera utilizar correctamente, se podría advertir, sin duda, que es un sistema mucho más sensible que las adivinaciones por medio de los naipes, como las que ha empleado la escuela de Rhine (1).

Evidentemente, falta saber el uso que los espiritistas hacen de este procedimiento; los espiritistas podrían responderme que ellos sí se saben servir del mismo. Sí y no. Sus resultados dependen de un empirismo de corto vuelo. Yo diría otro tanto de las planchas móviles que facilitan el curioso fenómeno de la escritura automática. Los más singulares resultados han sido obtenidos a veces (por ejemplo, las correspondencias cruzadas). Muy a menudo parece que «alguna cosa está pasando». Ciertamente, es muy difícil llegar a la conclusión de que se ha establecido una comunicación con los muertos, puesto que si admitimos la telepatía, ¿cómo eliminar la hipótesis que indica lo contrario, es decir, una comunicación con otro cerebro vivo? Tanto más cuanto que ciertos difuntos han rechazado la identidad que se les había comprobado.

Este fenómeno de «los fantasmas de lo viviente», muy estudiado por Myers es, probablemente, uno de los más asombrosos de la Metapsíquica de principios de siglo. Se trata, como mínimo, de un caso de telepatía extraordinario. Vengo de ser testigo de un fenómeno muy semejante, gracias a Paul Misraki, que se ha descubierto poseedor de un gran talento para la escritura automática: un cierto Patrick Fournier, empleado en el hotel «Castiglione», de París, se había manifestado como un difunto que había fallecido a causa de un accidente de automóvil. Su cuerpo, según dijo, tenía que ser transportado al hospital de Melun o al de Fontainebleau. Misraki se resigna y se entera con enorme sorpresa que el hotel «Castiglione», donde nunca en su vida había puesto los pies y del cual ignoraba incluso la existencia, había empleado, en efecto, a un tal Patrick Fournier, que había desaparecido un día sin dejar ninguna seña. Sin embargo, no se encontraron trazas del accidente ni en Melun ni en Fontainebleau. Por lo tanto me pregunto si la hipótesis de un «fantasma de lo

(1) Para más precisiones ver, en esta obra, la página 127 y remitirse a la obra *Les domaines de la parapsychologie* (París, C.A.L. y Denoël, 1972).

viviente» debe ser descartada por completo.

Sé muy bien que mi teoría puede ser objetada mediante la *criptoamnesia,* ese fenómeno de los recuerdos hundidos tan profundamente en el subconsciente que uno mismo ignora poseerlos. Pero, en el caso de Misraki y en muchos otros casos que conozco, esta hipótesis demuestra una falta total de credibilidad. De todos modos, los procedimientos parapsicológicos constituirían un excelente medio de exploración de la memoria inconsciente. No pongo en duda que puedan llegar a serlo, en efecto, a falta de otros medios.

Los procedimientos clásicos seguramente no eran del todo ineficaces. Sólo que los que los empleaban nunca se caracterizaron por su tino. Se adhirieron, muy rápidamente y sin reservas, a la hipótesis espiritista. Es por este motivo, como ya he dicho más arriba, que empezaron a «girar en redondo». Registraron infinidad de «comunicaciones» que en su mayor parte estaban desprovistas de interés, o a veces vislumbraban extraños resplandores telepáticos que no podían controlar ni interpretar correctamente. Lo que no quiere decir que unos procedimientos análogos manipulados de mejor manera no permitan llegar más lejos...

LA PSICOMETRÍA

Éste es otro procedimiento, completamente abandonado en la actualidad, y sin motivo. Es un asunto de moda, probablemente. Este término, de un gusto deplorable por otra parte, indica la capacidad de ciertos médiums a los cuales se les presenta un objeto, de hablar de este objeto, de describir a su posedor, a veces incluso con sus más ínfimas características, o describir su casa, o sus padres, e incluso todo esto a la vez. Yo he visto experimentos de esta clase en dos ocasiones. La primera con el amigo Aimé Michel, que tiene curiosidades tan malditas y sulfurantes como las mías. Sacó de su bolsillo una vieja llave y se la presentó al médium, y he aquí que el médium, una mujer, le describió en todo detalle la casa de su padre, en los Altos Alpes. Y en otra ocasión yo me encontraba en Durham, en América, en el laboratorio de Rhine. Un colega, Fred Matthews, me dijo que conocía a un sujeto sorprendente y que nosotros deberíamos ponerlo a prueba. Me pidió que metiera un dibujo, en un sobre cerrado que él se encargaría de llevar hasta Massachusetts, donde vivía el sujeto, una mujer. Yo dibujé (muy mal) la entrada del cementerio donde reposa mi mujer. Era una especie de portal entre dos pilares de piedra, sin ningún otro signo distintivo. Un mes más tarde, recibí la respuesta, junto con el sobre que no había abierto: «Se trata de una muerte que ha dado lugar a la herencia de una finca.» Lo cual era perfectamente exacto. Pero, ¿quién podía saberlo? ¿Matthews, a quien nunca le mencioné esta cuestión? ¿El médium, a quien nunca había visto? En cuanto a mi dibujo, era un garabato informe del cual seguramente no se podría haber sacado una indicación tan precisa. En el admirable libro de Osty, *El conocimiento supranormal* (1), se encuentra un informe muy detallado de experiencias de psicometría y de las conclusiones que se pueden sacar al respecto. El autor incluso averiguó si existía alguna huella material en la superficie del objeto experimental; y si, calentando al rojo el objeto, o lavándolo con distintos disolventes, podría limpiarse el mismo. Los resultados son inciertos. Luego, se hizo el silencio sobre la psicometría. Actualmente, apenas si se oye hablar de ella de tarde en tarde...

LOS EFECTOS PSÍQUICOS

Toda Europa, incluyendo a muchos hombres de ciencia, estuvo apasionada durante mucho tiempo por los «efectos psíquicos». Ciertos médiums no se contentaban con mostrar su clarividencia o con predecir el futuro, sino que en su proximidad inmediata se escuchaban crujidos muy violentos (las «llamadas»), los objetos se desplazaban, las mesas se elevaban a veces y quedaban suspendidas en el aire sin ningún soporte visible, etc. El famoso Douglas Home incluso presentó levitaciones, y no en una casi oscuridad, condición que los médiums exigían habitualmen-

(1) Osty (Eugène): *La connaissance supranormale* (París, Félix Alcan, 1923).

te, sino en pleno día y delante de muchos testigos (1). Otros, por su parte, emitían «ectoplasmas» que a veces tomaban la forma de una mano o de una cabeza humana, o incluso la forma de un «fantasma» completo. Estos médiums de los efectos psíquicos causaron furor. Digamos en seguida que se trata de uno de los puntos más discutibles de la vieja Metapsíquica. En este dominio, los fraudes abundaban. Por otra parte, no se ha demostrado suficientemente que la mayor parte de los experimentos fueran llevados a cabo a la luz del día por los propios metapsíquicos, algunos de los cuales eran además unos hábiles prestidigitadores. ¡Pero es igual! Cómo no evocar la famosa historia de Crookes (2) y de Katie King, un pequeño fantasma muy bonito, de sexo femenino (no se lo podía poner en duda, puesto que Katie se prestaba a ciertas verificaciones con mucha docilidad como lo señala la Prensa de la época). Es necesario decir que eran los tiempos de la reina Victoria, de la respetabilidad puritana, que Crookes estaba casado con una inglesa pudibunda que le había dado una retahíla de niños; que el pobre hombre reventaba, tal vez, de ganas de salirse un poco de madre. Sin embargo, nadie ha comprendido nunca cómo aquel célebre físico, descubridor del talio y de muchas otras cosas, pudo entregarse a divagaciones tan absurdas o prestarse a supercherías tan groseras. Lo cierto es que hasta el final, nunca quiso arrepentirse. Evidentemente, después de esa historia (y de algunas otras) los médiums de los efectos psíquicos y de los ectoplasmas se encontraron bastante desprestigiados.

¿Puede sacarse de todo esto la conclusión de que los efectos psíquicos no existen? ¡Todo lo contrario! Los parapsicólogos modernos los han redescubierto bajo la forma de la «psicocinesis» (un término casi tan malo como el de psicometría). A pesar de ser menos notorios que los efectos psíquicos de antes, los fenómenos psicocinéticos no dejan de plantear problemas de los más alarmantes. Existen, además, accidentes que son mucho más espectaculares, como el caso Rosenheim (3), del tipo llamado *polter-*

(1) Notoriamente en la Corte de Napoleón III, delante de los sabios y los médicos más serios de la época. Douglas Home es uno de esos raros médiums cuya buena fe no se ha podido poner en duda.

(2) Sabio universalmente y justamente respetado, Crookes fue casi seguramente víctima de una sorprendente estafa que manchó su reputación. Siempre se negó a admitir haber sido engañado.

(3) Ver el estudio de este caso en las páginas siguientes.

geist (1), estudiado por la escuela de Bender (2) con un gran despliegue de precauciones. Este hecho no tiene nada que envidiar, desde el punto de vista de la intensidad, a lo que ocurría con los antiguos efectos psíquicos.

LOS «POLTERGEIST» DE ANTAÑO Y DE AHORA

Entre los elementos que manifiestan dones paranormales excepcionales no se clasifican sólo los médiums de efectos psíquicos de antes, sino también los fenómenos espontáneos que parecen sobrepasar la intervención de un ente humano. Quiero hablarles de las casas encantadas, por ejemplo. Mucha gente cree que se trata de una superstición de la Antigüedad y que ya no es un problema. Esto es inexacto desde todo punto de vista, como veremos inmediatamente.

Para empezar, digamos que también aquí la estadística ha enseñado la oreja. Principalmente de la mano del comandante Tizané, quien, como gendarme, se vio obligado a compulsar infinidad de denuncias concernientes a mansiones encantadas. Por lo mismo, se le ocurrió una idea simple y genial. Los gendarmes, teniendo en cuenta que se les molesta por este mismo motivo, no manifiestan nunca un entusiasmo desbordante. Están convencidos, por el contrario, de que la gente se burla de ellos y aspiran a descubrir al delincuente o a la delincuente para hacerles sentir el rigor de la ley. Por lo tanto, se pueden estudiar sus informes sin sospechar que tienen un exceso de ternura hacia los fenómenos descritos. Ahora bien, estos informes tienen en común varios puntos singulares, de los que no se inventan. Por ejemplo, las piedras arrojadizas. Es un hecho citado con asiduidad el de las piedras que aterrizan en el interior de una pieza cerrada y, naturalmente, se sospecha que hay alguien que las ha arrojado. Pero ustedes deben saber: 1) que se puede retirar, a ve-

(1) *Poltergeist*: espíritu juguetón (del alemán *poltern*, alborotar y *Geist*, espíritu).

(2) Bender (H.): «Der Rosenheim Spuk; ein Fall spontaner Psychokinese», en *Zeitschrift für Parapsychologie und psychologische Grenzgeb*, 11, páginas 104-112, 1968.

ces, una carretilla o dos de piedras del interior de dichas piezas, y 2) que muy comúnmente las piedras están tibias e incluso ardientes. Este pequeño detalle (el calor), frecuente en los informes, forma parte, según mi modo de ver, de ese tipo de hechos que es muy difícil que sean inventados. Pero también hay otros. Por ejemplo, la presencia siempre constante (no creo que se pueda citar una sola excepción) de un adolescente —un hombre joven o bien una joven— de doce a dieciséis años en la casa encantada. ¿Se aleja? Los fenómenos cesan. ¿Se le hace volver? Los fenómenos vuelven. Naturalmente, muy pronto los gendarmes se aperciben del detalle, agarran al simulador o a la simuladora y le obligan a confesar la superchería. Esto no falla nunca con una serie de detalles que no «encajan». Por ejemplo, es muy corriente que el culpable, agriamente secundado por los dignos servidores del orden, confiese visiblemente todo lo que se quiera y notoriamente todo aquello que evidentemente no ha podido hacer por ningún medio conocido, si es que no tenemos en cuenta a la parapsicología, por supuesto.

Esto es justamente lo que se ha dejado de lado, pero los parapsicólogos modernos creen que se trata, de todos modos, del caso de psicocinesis más notable que se conoce y que deja muy detrás nuestros juegos de dados y nuestras tímidas experiencias de laboratorio. En una palabra, es seguro que ha sido el joven o la joven en cuestión el responsable del «encantamiento», pero ellos no saben nada y lo ignoran todo respecto a la fuerza singular a la que sirven de huéspedes o de catalizadores.

EL CASO DE ROSENHEIM

Éste es seguramente uno de los casos más sorprendentes y mejor estudiados, particularmente por el equipo bien conocido del profesor Bender, uno de los raros titulares de una cátedra de Parapsicología que existe en Europa (en Friburgo de Brisgovia). Los acontecimientos se remontan a fines de 1967 y afectan a un despacho de abogado en Rosenheim, en Baviera. Unos tubos de neón que colgaban del techo a 2,50 metros o a 3 metros de altura se apagaban repetidamente sin que se pudiera descubrir la causa, salvo por el hecho de que habían sufrido una rotación de 90° en el casquete, lo que provocaba que se cortara el contacto. También se escuchaban ruidos sordos; los fusibles saltaban sin motivo; los cuatro teléfonos sonaban a menudo al mismo tiempo, y las conversaciones se veían interrumpidas una vez tras otra; y la cuenta del teléfono era cada vez más grande: parecía como si se hubieran llevado a cabo llamadas que nunca se habían realizado. Los especialistas bávaros insertaron en el circuito toda una serie de instrumentos de medición que mostraron grandes fluctuaciones de corriente eléctrica, concomitantes con los fenómenos anormales. Como es habitual, las perturbaciones se debían a la presencia de Ana María S., una empleada de diecinueve años. Cuando andaba por el despacho, las lámparas se balanceaban a su paso, los enchufes eléctricos estallaban, y fragmentos volaban en su dirección. Cuanto más se alejaba la joven, más débiles se hacían los fenómenos.

La encuesta policial, muy precisa, demostró que era necesario excluir todo fraude consciente. El equipo de Bender pudo registrar en un magnetoscopio la oscilación de las lámparas al igual que los ruidos; de todos modos, al principio no se pudo llegar a registrar un fenómeno nuevo. Los cuadros que colgaban de las paredes a veces giraban 360° y finalmente un operador alcanzó a filmar el fenómeno. Los aparatos de registro telefónico demostraron que el número que decía la hora automáticamente (0119) era pasado hasta cuatro y cinco veces por minuto, y ciertos días hasta cincuenta veces seguidas. En un momento preciso en que el aparato registrador marcaba cuatro llamadas a Munich, cada una de nueve cifras, el empleado que vigilaba el teléfono pudo certificar que no había nadie utilizando el aparato en aquel momento. Lo más sorprendente es que para llegar hasta allí sin descolgar el receptor había que trabajar sobre el mecanismo en momentos determinados, para lo cual hacía falta una habilidad técnica considerable.

He aquí los informes establecidos por dos expertos, Kerger, del «Max Plank Institut für Plasmaphysik», de Munich, y Zicha, de la Universidad técnica de Munich:

El 8 de diciembre de 1967, el aparato registrador de la estación eléctrica fue equipado con un amplificador de voltaje y conectado con el despacho del abogado [...] Entre las 16.30 y las 17.48 horas, el aparato registró quince fuertes variaciones a intervalos irregulares. Al mismo tiempo, nosotros escuchamos algunos ruidos violentos que se parecían al estrépito de una descarga eléctrica y que, sin embargo, no correspondían de ningún modo a una variación de corriente. Los ruidos fueron registrados en una banda [...] Para llevar más adelante el estudio, habíamos registrado no solamente el potencial eléctrico y el campo magnético junto al aparato registrador, sino también la amplitud sonora del despacho. Sobre la base de los resultados obtenidos, nos vemos obligados a refutar, en lo concerniente a las variaciones de corriente, las siguientes explicaciones:

1) *Variaciones en el voltaje general.*

2) *Intervención de un voltaje de alta frecuencia con componentes no lineales.*

3) *Cargas electrostáticas.*

4) *Un campo magnético estático exterior.*

5) *Un mal contacto dentro del sistema de amplificación electrónica.*

6) *Efectos ultra o infrasónicos, incluyendo fuertes vibraciones.*

7) *Intervención manual.*

No obstante, debemos admitir la existencia de las variaciones registradas, después de haber eliminado todas las causas físicas posibles y de haber comprobado el buen funcionamiento del equipo electrónico. Los otros incidentes misteriosos que se produjeron pueden ser explicados con la denominación de «influencias mecánicas sin causas aparentes». Las bombillas eléctricas estallan, por ejemplo, aunque no estén encendidas y que sus filamentos estén intactos. Los fusibles automáticos saltan sin que haya ninguna variación de corriente.

...A modo de explicación física, todo lo que podemos decir se resume de la siguiente manera:

1) *A causa de haber sido registrado con todas las posibilidades de la física experimental, el fenómeno desafía todas las explicaciones que se puedan aplicar a la física teórica.*

2) *El fenómeno parece ser el resultado de fuerzas no periódicas, de corta duración.*

3) *El fenómeno (incluyendo los incidentes con el teléfono) no parece implicar únicamente efectos electrodinámicos.*

4) *No solamente ocurren incidentes simples del tipo explo-*

sión, sino también movimientos más complejos: registros de curvas y desplazamiento de cuadros.

5) *Los movimientos parecen producidos por fuerzas controladas (por ejemplo, los incidentes con el teléfono), que tienen tendencia a rehuir las investigaciones.*

Mischo (1) ha llegado mucho más lejos en su intento de establecer el perfil psicológico de dos sujetos, una muchacha y un muchacho, que indudablemente habían dado origen a fenómenos de «poltergeist». El primero era esta muchacha de que acabamos de hablar; el segundo, un muchacho empleado en una tienda de porcelanas y cuya sola presencia hacía añicos la vajilla. Se les aplicó toda una serie de «tests» para llegar a las siguientes conclusiones: Se trata de características comunes al muchacho y a la muchacha: irritabilidad; desplazamiento de la personalidad; emocionalidad infantil; deseos no controlados que emergen espontáneamente y exigen una satisfacción inmediata, y una tolerancia muy baja a la frustración. Los mecanismos de control y de integración del ego están muy poco desarrollados. Los conflictos en el dominio de la sexualidad y en el de la estima por el prójimo conducen a la agitación y a la ansiedad y se expresan en diferentes formas de agresión. Esta agresividad está sujeta a desviaciones: arrebatos de agresión y de destrucción, no sólo dirigidos hacia el sujeto que ha desencadenado el conflicto, sino hacia sustitutos del mismo. Hay que hacer notar también la presencia de represiones y de proyecciones, de disimulación y de fabulación. En una palabra, esta personalidad es extremadamente inmatura y conflictiva, pues existe un abismo entre el deseo de un comportamiento eficaz y los actos inadecuados a este fin; una oscilación continua entre la necesidad de obtener la estima del entorno y un intenso complejo de inferioridad; y un conflicto aún más agudo entre un deseo excesivo de ser aceptado por el medio y la sensación de estar abandonado. Se ve que los «médiums de poltergeist» son, en el fondo, muy desgraciados; los fenómenos psicotécnicos que hacen nacer serían un medio inconsciente de atraer sobre ellos la atención y la estimación del entorno, pero a la vez un medio que ellos son incapaces de controlar. Se comprende, también ahora, para volver a los trabajos de Tizané, hasta qué puntos unos

(1) Misho: «Parapsychologie und Wunder», en *Zeitschrift für Parapsychologie und psychologische Grenzgeb*, 13, páginas 24-40, 1971.

individuos tan infantiles debían ser sensibles a las amenazas de los gendarmes y confesar no importa qué para sentirse tranquilos.

EL PROBLEMA FILOSÓFICO

Evidentemente, no se puede, cuando se habla de la Parapsicología, esquivar el problema que plantea desde el punto de vista de la filosofía de la ciencia. Un gran número de hombres de ciencia, en efecto, sufre una reacción alérgica ante la sola mención de la Parapsicología, reacción ésta que inmediatamente se convierte en furor. La Parapsicología forma parte de los problemas tabú, que no se pueden discutir en calma. Pero, ¿es que existe algún motivo para sufrir reacciones semejantes? Yo no lo creo.

Que un objeto no puede ser a la vez blanco y negro y desde el mismo punto de vista, nadie lo duda, pues sería contradictorio, pero que una forma de relación especial pueda instaurarse de cerebro a cerebro por un método desconocido para la ciencia actual, esto no es en absoluto contradictorio. Todo lo que se puede decir es que parece imposible, en el actual estado de la ciencia. Esto es otra cosa.

Me gustaría recordar a Koestler, quien, en *Las raíces del azar* (1), ha desarrollado el asunto con mucho talento. Pero recordemos, de todos modos, que, para la Física de los quanta, considerar una observación sin tener en cuenta al observador parece al menos una idea curiosa y que ésta es una noción sobre la cual, precisamente, insiste la Parapsicología, aunque en un sentido un poco distinto; que la noción del pasado, del presente y del futuro han perdido la bella coherencia de los tiempos newtonianos, y que los físicos no tienen miedo de considerar las partículas que viajan en el tiempo, pero no en el espacio. En cuanto al espacio, al nivel de las partículas elementales, es una noción muy compleja. En la física de Heisenberg, decir que una partícula está allí y no en otra parte, es poco menos que una obscenidad, si esta afirmación ha sido hecha en esos términos brutales y sin matices. ¿Agregaremos también que los físicos pululan dentro de los

(1) *Les racines du hasard* (París. Calmann-Lévv. 1972).

cuadros de la Parapsicología y que el sucesor de Rhine en el laboratorio de Durham es también un físico profesional?

Una vez más señalo que esos reparos ya han sido hechos por Koestler con mucho más talento que yo. Su libro, por otra parte, ha provocado el furor de ciertos críticos en periódicos respetables como *Science*. Se le acusa de no comprender en absoluto la Física, puesto que la utiliza para demostrar la existencia de la Parapsicología.

Que quede bien claro que Koestler es demasiado inteligente para haber escrito tamaña estupidez. Él solamente se ha referido al cambio de atmósfera considerable que puede apreciarse en la Física, lo que quita mucha fuerza a los críticos tradicionales de la Parapsicología. No, la Física moderna no demuestra de ningún modo la exactitud de los principios de la Parapsicología. La Física actual demuestra, tan sólo, que si se quiere criticar aquella otra ciencia, no se pueden seguir considerando las nociones de tiempo, de espacio y de causalidad como se las consideraba a principios del siglo XIX porque la ciencia moderna no las ve, a pesar de todo, de la misma manera. Esto es todo, pero es una enormidad.

Otra crítica que tampoco está fundamentada es la siguiente: Los fenómenos parapsicológicos no son hechos científicos porque no pueden ser repetidos a voluntad. Ahora bien, todo esto es falso. Evidentemente, los fenómenos parapsicológicos tienen un aspecto estadístico bastante molesto, es decir, que en un momento determinado yo no soy capaz de lanzar un dado diciendo que es el seis lo que va a salir, e, incluso aunque yo sea un individuo particularmente dotado, me hará falta insistir varias veces. Sin embargo, en el caso —siempre hipotético— de que el que arroja el dado sea un «gran sujeto», el seis saldrá con mucha más asiduidad de lo normal. Todo esto tiende a demostrar que en este caso no se controlan todos los factores que están en juego en la mencionada experiencia. Se le pide al sujeto que ejecute, con su sistema nervioso, una acrobacia muy difícil, y más aún sin saber cuál es esa acrobacia, y el sujeto tampoco lo sabe. Es así como nace el fenómeno *psi*. Permítanme una comparación. Supongamos que el Gobierno me diera el dinero suficiente para entrenar a unos excelentes nadadores con el fin de que pudieran obtener medallas de oro en los Juegos Olímpicos. Yo me dedicaría a seleccionar bien los sujetos y supervisar todas las fases de su entrenamiento. Y mientras tanto, seguiría no siendo capaz de afirmar que en un día determinado, en unas circunstancias determinadas, alguno de ellos alcanzaría a batir un récord del mundo. Simplemente, admitiendo que yo sea un entrenador excelente, existen, según las estadísticas, un número de posibilidades no despreciables de que todo ocurra de esta manera y de que el éxito corone los esfuerzos de los nadadores. He ahí, exactamente, la situación del parapsicólogo experimentado, salvo que la suya es una situación mucho peor que la del entrenador de deportes. Pues las reglas precisas del «entrenamiento» parapsicológico, en caso de que existan, son muy mal conocidas.

¿DÓNDE ESTÁ HOY LA PARAPSICOLOGÍA?

Hemos visto que la Parapsicología, a comienzos del siglo XX, estaba confinada a los fenómenos espectaculares producidos por ciertos médiums llamados «de efectos físicos». La levitación, la proyección desde fuera del cuerpo del médium de filamentos blanquecinos o ectoplasmas que tomaban, a veces, el aspecto de un rostro humano, la Psicometría (arte de describir, en posesión de un objeto, a la persona a la cual este objeto pertenece) y las comunicaciones con el más allá eran los centros de interés de aquella época. Posteriormente, habiéndose comprobado que el control de un médium fraudulento es una cosa muy delicada, se ha preferido remitirse a ciertos fenómenos más modestos, pero más capaces de plegarse a las disciplinas científicas

LOS TRABAJOS DE RHINE

El americano J. B. Rhine, de la Universidad Duke (Estados Unidos), volvió a tomar una idea de Charles Richet, que también se había ocupado de la Parapsicología. El gran biólogo había propuesto mostrar a un individuo propenso los naipes de un juego completo, pidiéndole que los adivinara uno a uno sin tener frente a sus ojos más que el anverso. Es muy fácil, en efecto, dentro de esas condiciones, averiguar si el sujeto propenso tiene más «posibilidades» de las que debería tener, es decir, comprobar si sus respuestas superan o no la proporción del azar. Por lo tanto, se pueden utilizar todas las finezas del análisis estadístico.

Rhine simplificó la técnica de Richet utilizando unas cartas (llamadas los naipes de Zener), que tenían solamente cinco figuras (la cruz, el cuadrado, el círculo, la estrella y las líneas onduladas) y mezclándolas en paquetes de 25 cartas. El sujeto, por lo tanto, tenía cinco posibilidades sobre veinticinco de acertar. Si la experiencia se realiza millares de veces, la suma total de las respuestas debe arrojar (según las leyes matemáticas bien establecidas) una media de una respuesta correcta por cada cuatro errores, un resultado que podía variar dentro de un pequeño margen, dado que sólo un número infinito de experiencias permitiría obtener sobre seguro la proporción exacta. Cuanto más se repite la experiencia, más se acerca al promedio de 1/5, que obedece dócilmente a las leyes del azar.

Supongamos ahora que el resultado varíe ligeramente y que en vez del promedio de 1/5 se obtienen 1,1 ó 1,2 sobre 5. De esta forma, las reglas del azar son transgredidas, tímida pero formalmente. Algún otro factor ha debido intervenir. Si esta desviación se reproduce sistemáticamente a lo largo de millares de experiencias, a través de millares de individuos, se puede inquirir seriamente si no existe, en este momento, algún poder desconocido que desquicia las reglas del azar.

El gran mérito de Rhine es haber puesto a punto, con un gran rigor científico, diversas experiencias en las cuales los resultados podían ser objeto de evaluaciones estadísticas (evaluaciones aprobadas en 1937 por el Congreso de Estadística Matemática de Indianápolis y en 1938 por el Instituto de Estadística Matemática).

Estas técnicas estadísticas alcanzaron rápidamente un refinamiento impresionante. Se llegó a la conclusión de que el conocimiento de la finalidad por parte del experimentador no era necesario para el éxito de las experiencias. Parecía que el sujeto llegaba a adivinar directamente las cartas incluso aunque estuvieran disimuladas en envoltorios de espeso papel negro y aunque el propio experimentador nunca las hubiera visto anteriormente. Se trataba, por lo tanto, de un fenómeno de clarividencia y no de telepatía entre cerebros.

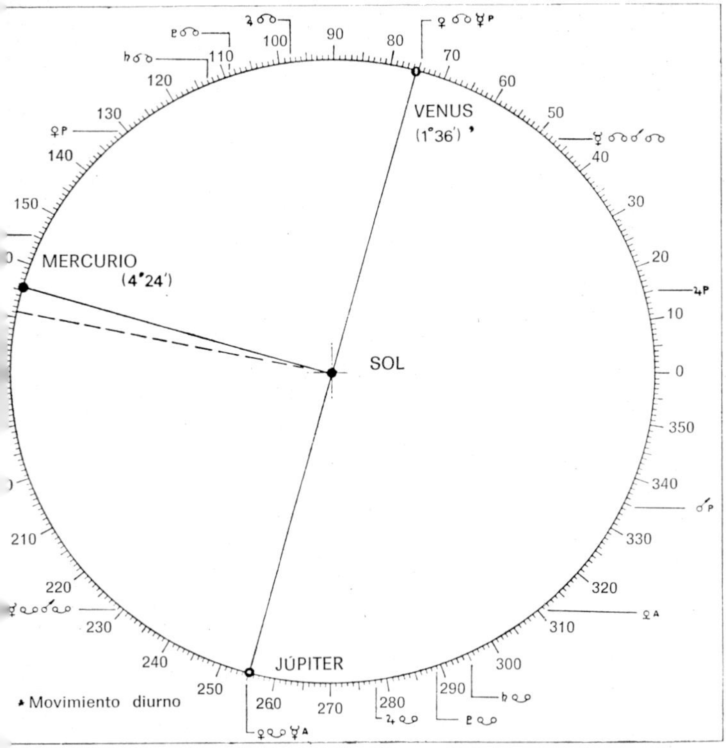

Fig. 10 — Disposiciones de los planetas Venus, Mercurio y Júpiter, el 23 de febrero de 1948. Gran degradación de la calidad de las señales de radio. *(De «Electrical engineering».)*

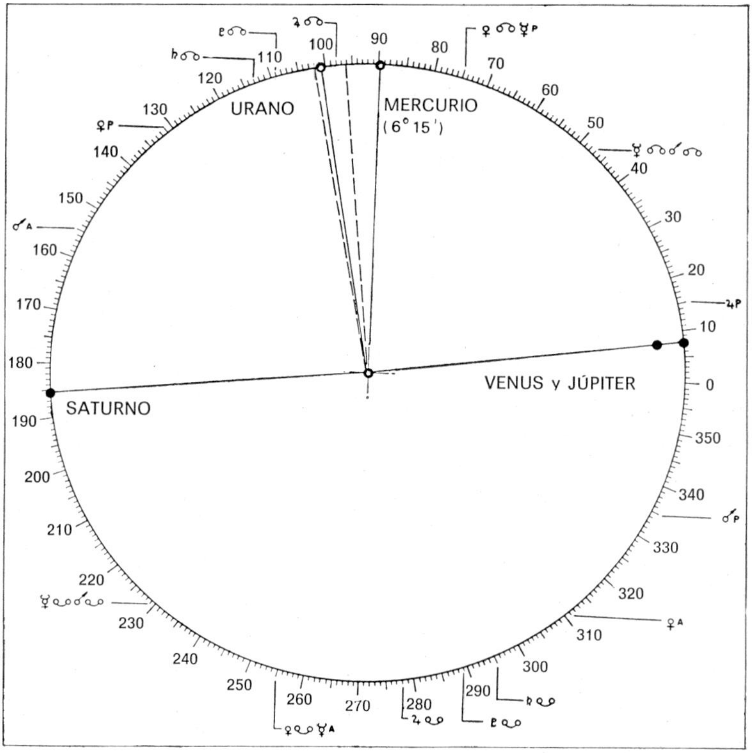

ig. 11 — Disposiión de los planeas, del 20 al 26 de etiembre de 1951. egradación extremadamente grave e las señales de adio. *(De «Electrial engineering».)*

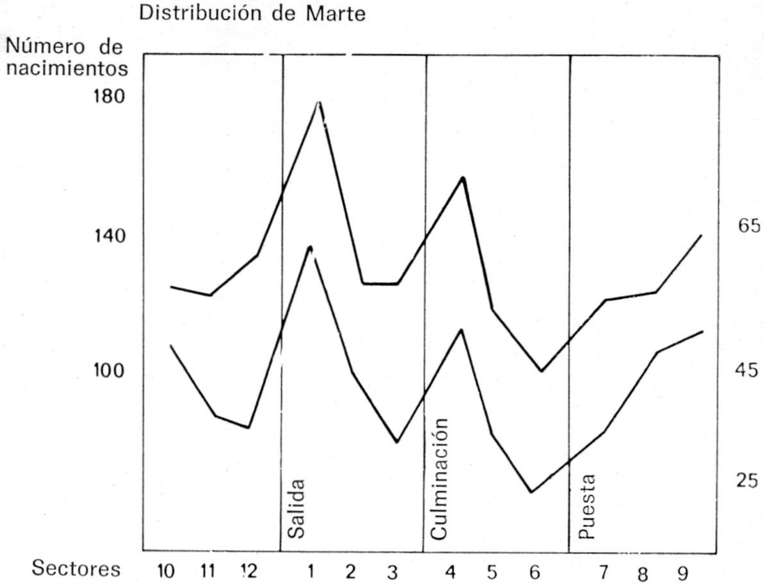

Fig. 12 — Los sabios del Comité de Bruselas han observado los mismos resultados que Gauquelin respecto a Marte y a los deportistas campeones. La gráfica superior es la establecida por Gauquelin según observaciones sobre el nacimiento de 1.535 ases del deporte. La gráfica inferior es la del Comité belga sobre el nacimiento de otros 553 campeones.

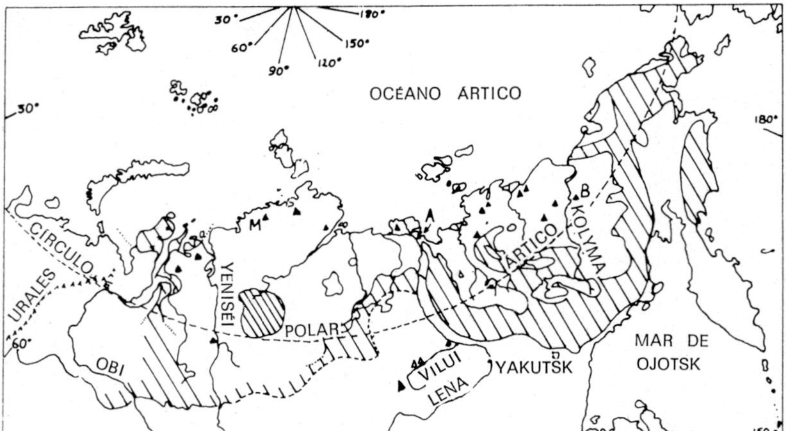

Fig. 13 — Zona en la cual se encontraron los mamuts y los rinocerontes congelados. Los triángulos negros son para los mamuts, y los blancos, para los rinocerontes. Al este del río Lena, las rayas indican sólo la máxima extensión de las glaciaciones. Igualmente al oeste del Lena. En A, el mamut de Adam (más de 30.000 años); en B, el de Berezovska, y en M, el de Mamontova.

Fig. 14 — Ovni en forma de cúpula. Fotografía tomada en Nuevo México, en 1952, por George Adamski.

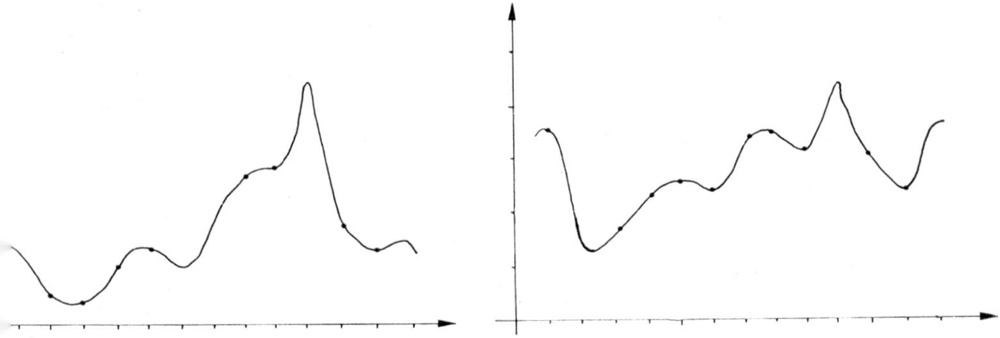

Fig. 15 — Repartición mensual de observaciones de platillos volantes. A la izquierda, 211 observaciones francesas; a la derecha, 661 observaciones mundiales. (En abscisas, los meses, la primera serie correspondiente a enero, y en ordenadas, el número de observaciones.)

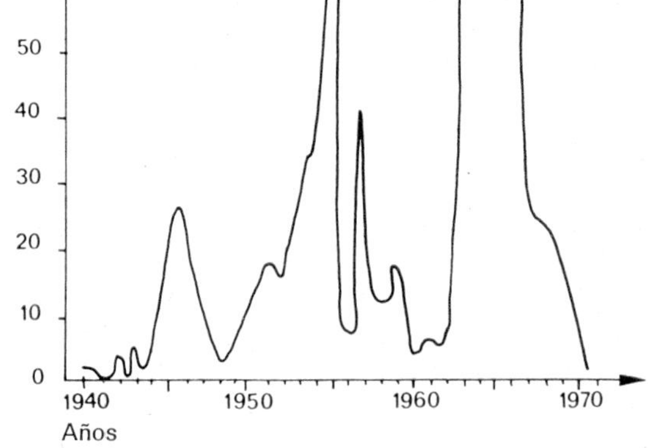

Fig. 16 — Según Poher, «oleadas» de platillos volantes sobre 825 casos mundiales.

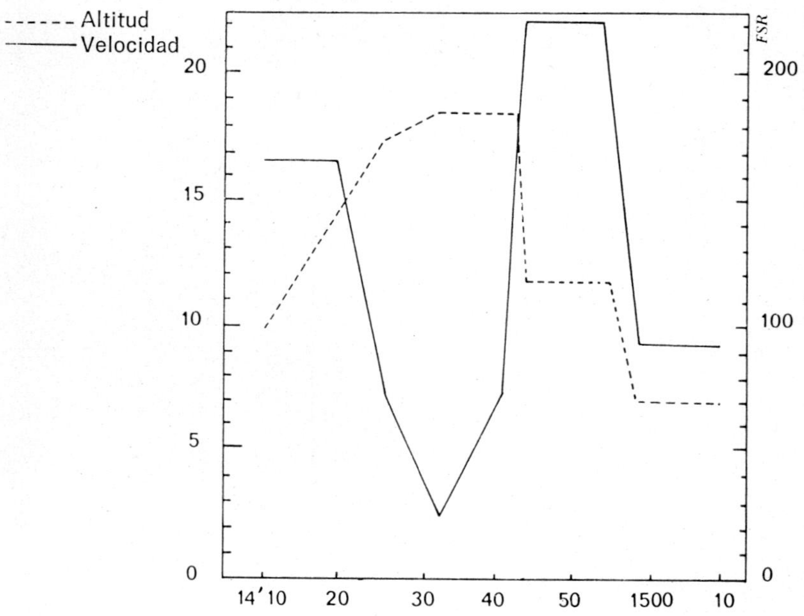

Fig. 17 — Altitud y velocidad de un Ovni seguido visualmente y por radar. Observación de aviadores militares franceses en Ceuta (Marruecos) el 2 de diciembre de 1954. En abscisas, los tiempos en horas; en ordenadas a la izquierda, la altitud en kilómetros; en ordenadas a la derecha, la velocidad en kilómetros; en línea de trazo interrumpido, la altitud, y en línea de trazo seguido, la velocidad.

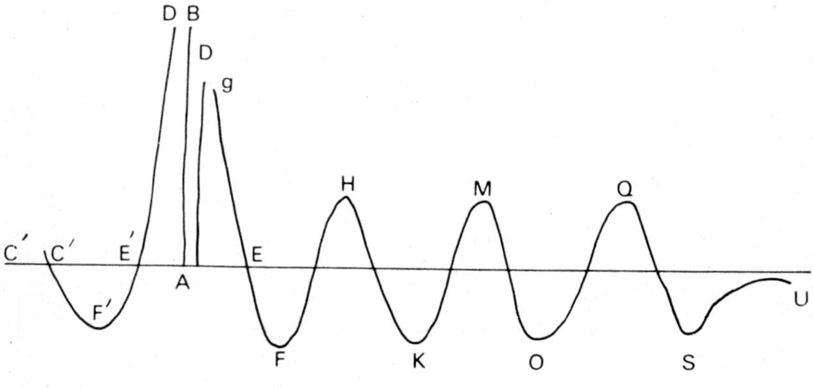

Fig. 18 — Gráfica de la teoría de Boscovich.

ALGUNOS OTROS DESCUBRIMIENTOS

Se descubrió también el importante fenómeno de la *disminución de los aciertos* al final de una experiencia. Se comprobó, en efecto, que en un mismo sujeto el número de respuestas correctas disminuía cuando la experiencia se repetía a lo largo de mucho tiempo. El gráfico de los resultados se expresa, pues, por una curva descendente. Pero a esta disminución se superpone el *efecto de posición,* es decir, que los resultados pueden volver a ser buenos al final de la experiencia. La curva se convierte, por lo tanto, en una curva en U. Esta curva en U es muy frecuente en Parapsicología.

Existe otro fenómeno singular, descubierto por Whatley Carington en Gran Bretaña: es el que los parapsicólogos denominan *desplazamiento.* En trance de adivinar el naipe que les ha sido propuesto, los sujetos adivinan el de delante o el de detrás.

Otro descubrimiento muy importante y que ha sido comprobado cien veces es el de la doctora Gertrude Schmeidler, concerniente a los «corderos» y a las «cabras». La doctora llama «corderos» a los sujetos partidarios de la Parapsicología y «cabras» a los que se oponen intensamente a la misma. Se les puede hacer confesar estas preferencias o estas aversiones con la ayuda de un cuestionario apropiado. Al ser sometido a «tests» parapsicológicos, los corderos arrojan a menudo buenos resultados y las cabras presentan el fenómeno de los «fallos excesivos» o *psi missing* (ausencia del fenómeno *psi*), porque a menudo cometen muchos más errores de los que deberían cometer, alcanzando proporciones de error muy significativas desde el punto de vista estadístico. Los trabajos de Schmeidler han inspirado grandemente a un grupo de investigadores que intentaba poner en correlación tal o cual rasgo de temperamento o de carácter con el acierto o el fracaso en los «tests» de Parapiscología. En los casos de los corderos y de las cabras es, probablemente (aunque tal vez no únicamente), la creencia o la repulsión en relación a la Parapsicología lo que constituye el factor de éxito o de fracaso. De todos modos, si bien es teóricamente imposible establecer el perfil psicológico del buen sujeto o del malo (el que cree o el que no cree en absoluto), es también evidentemente trabajoso medir, evaluar con precisión la importancia de esta predisposición, puesto que ella misma revela un alto grado de elementos puramente cualitativos (sensibilidad, emotividad, etc.). En estos casos, los «tests» clásicos, como el de Rorschach, pueden ser de gran ayuda. Sin embargo, parece estar bastante establecido que los sujetos buenos son notoriamente más extravertidos que introvertidos. Ésta es una de las raras características sobre las cuales el consenso es unánime.

Otros tres fenómenos muy interesantes han sido descubiertos recientemente. Son el *efecto diferencial*, el *efecto de variación* y el *efecto de focalización.*

EL EFECTO DIFERENCIAL

Al entregársele a un sujeto no un solo tipo de «tests», sino dos tipos de «tests» a la vez, se nota muy a menudo que los resultados son positivos en una de las experiencias y negativos en la otra, y que la diferencia entre los dos alcanza un grado satisfactorio de significación estadística (1). Éste es uno de los resultados más constantes de las experiencias. No obstante, la interpretación no siempre es fácil. Chauvin me ha dicho que él llevó a cabo experiencias con cartas divididas en dos grupos: el primero con los símbolos de tamaño normal y el segundo con los símbolos microfilmados que no se podían leer sin la ayuda de una lupa. Chauvin quería enterarse si existía una «lupa parapsicológica», es decir, si la facultad *psi* hacía al sujeto capaz de distinguir figuras invisibles para la visión normal. Y pudo observar que las figuras de tamaño normal eran adivinadas con mucha menos asiduidad, en una mezcolanza de cartas, que las figuras microscópicas. No hace falta decir que tanto las unas como las otras habían sido metidas en sobres de papel negro y que ni el experimentador ni el sujeto podían verlas antes del final del «test». En otra ocasión, Chauvin probó la influencia de las pantallas, puesto que no estaba total-

(1) Lo que significa que esa diferencia se reproduce de una manera bastante regular y en proporciones bastante idénticas. Las posibilidades de que la misma fuera debida sólo al azar son, por lo tanto, mínimas.

mente convencido de que la fuerza *psi* pudiera atravesar cualquier tipo de murallas como todos o casi todos los parapsicólogos admiten. Así, pues, dispuso la colocación, encima de las cartas que había que adivinar, de unas pantallas de vidrio, de madera o de metal y comparó los resultados de esta experiencia con las adivinaciones de naipes sin pantalla, ocultos tan sólo por el envoltorio de papel negro. Los resulados de la comparación fueron muy singulares. El vidrio parecía entorpecer la clarividencia, mientras que el metal parecía servirle de ayuda. Sin embargo, lo más sorprendente fue el hecho de que un colaborador de Chauvin, ignorando estos resultados, repitió las experiencias con un «test» diferente y empleando también distintos sujetos, pero utilizando, él también, pantallas de vidrio, de madera y de metal. ¡E igualmente sacó como conclusión que el vidrio generaba una influencia inhibidora! ¿Es necesario decir que los sujetos que formaron parte de las experiencias no habían visto nunca las pantallas y que incluso ignoraban su existencia? Los resultados le fueron transmitidos a Rhine, que estuvo de acuerdo en darlos a conocer, pero vinculándolos al efecto diferencial. Chauvin no llegó a convencerle de que, con efecto diferencial o sin efecto diferencial, lo que importaba era explicar la inhibición provocada por el vidrio y la «facilidad» motivada por el metal. No faltaba más que convertir al efecto diferencial en una explicación puramente verbal.

EL EFECTO DE VARIACIÓN

El efecto de variación es una «astucia» estadística que en estos últimos tiempos apenas ha sido empleada por los parapsicólogos. Ya sea que las adivinaciones de un sujeto estén gobernadas únicamente por la fortuna o que sea la facultad *psi* la que funcione de una manera uniforme a lo largo de toda la experiencia, los resultados tendrán, de todos modos, un valor teóricamente previsible (1).

Pero si la facultad *psi* no entra en juego más que en el curso

(1) Este valor, por lo tanto, es el del azar o el de los resultados obtenidos regularmente. Es a esta previsión a la que llamamos variación. Mide la media de los resultados más numerosos y más significativos (suma de los cuadrados de las desviaciones dividida por el número de grados de libertad).

de determinados ensayos sin ir más allá de los mismos o si los resultados son excelentes al comienzo y muy pobres al final de una serie de experiencias, el promedio de los aciertos estará muy por debajo del que se había previsto.

Por consiguiente, el cálculo de la variante permite descubrir la intervención de las facultades *psi* mientras que, por sí misma, la desviación a causa del azar permitiría concluir que aquellas facultades han estado ausentes.

En suma, la variante toma el lugar de los accidentes que ocurran durante el desarrollo de la prueba, de la fatiga, etc. Es decir, que permiten eliminar los incidentes fortuitos del contexto exterior.

EL EFECTO DE FOCALIZACIÓN

El efecto de focalización expresa el fenómeno de la fijación de una señal invisible. Por ejemplo, si se le presenta una carta a un sujeto, no es solamente el símbolo inscrito en la carta (cruz, círculo, etc.), lo que el sujeto adivina, sino que es la carta misma, es decir, que el sujeto es sensible a las ínfimas diferencias que pueden existir entre unas cartas aparentemente idénticas. Esta sensibilidad equivale a un «marcaje». Recurramos a una imagen concreta: es como si el sistema nervioso emitiera un tentáculo que imprimiera una marca sobre la carta (o, incluso, sobre el envoltorio que recubre a la carta), haciendo posible que se la reconociera después. Naturalmente, no existe este tentáculo, pero sí existe ese marcaje.

Veamos cómo procedieron Pratt y Ryzl (1), los descubridores de este fenómeno. Utilizaron naipes en los cuales una cara era blanca mientras que la otra estaba coloreada. El sujeto debía determinar cuál era el color de la cara del naipe vuelta hacia él; por supuesto, los naipes estaban encerrados en envoltorios opacos. Los envoltorios tenían, cada uno, un número de código, lo que permitía conocer los resultados del sujeto para cada envoltorio, lo que habitualmente no es posible en Parapsicología. Entonces se pudo comprobar que el sujeto mostraba resultados regularmente muy buenos sobre ciertos naipes y una cantidad de

(1) Cf. *Journal of Parapsychology*, tomo 27, 1963, páginas 227 y siguientes.

errores no menos constante sobre ciertas otras. En un tercer lote, los resultados igualmente constantes no diferían del azar.

Esta experiencia incita a pensar (aunque, por supuesto, no es más que una hipótesis) que ciertos lotes de cartas habían sido «marcados» por el sujeto y que, en cuanto a otros lotes, el sujeto no sentía nada. Los resultados no cambiaron cuando se colocaron los primeros envoltorios dentro de otros nuevos que no tenían ningún número de código que el sujeto hubiera podido retener.

Agreguemos que durante las experiencias que tenían por finalidad el estudio del efecto de focalización, el sujeto lo ignoraba todo sobre la experiencia en curso y sobre los resultados de la misma. Únicamente creía que se trataba de acumular un gran número de datos. Frente al efecto de focalización, los parapsicólogos siguen indecisos hasta ahora. Se preguntan, por el contrario, si no convendría, como Roll propuso en 1959, atribuir a los objetos ciertas «propiedades *psi*», del mismo modo que un objeto inodoro para el hombre despliega para el olfato del perro todo un poema de perfumes.

LOS TRABAJOS DE SCHMIDT

Helmut Schmidt, que es físico de profesión, señaló que en la Física clásica (o antigua, que es poco más o menos lo mismo) se puede admitir una separación radical entre el experimentador y el objeto de la experiencia, y de este modo se admite que la observación no altera en absoluto el curso del fenómeno estudiado. Pero en la teoría de los «quanta» se demuestra que, al nivel del átomo, el experimentador que desea obtener información debe obligatoriamente perturbar el sistema. En Parapsicología, según Schmidt, existe «una interacción suplementaria en el sentido de que un sistema atómico se ve afectado no sólo por lo que hace el experimentador, sino también por lo que piensa». Esto demostraría que el pensamiento más abstracto puede tener efectos concretos, materiales, mensurables. El interés de una hipótesis semejante es considerable, puesto que implica la existencia de un común denominador entre el nivel atómico y las emisiones del cerebro. De todos modos, quiero señalar la existencia de una terrible ambigüedad en la palabra «pensamiento». En Parapsicología, más que en otras partes, cuando afirmamos que el sujeto «piensa», «quiere», «espera» o «escucha» alguna cosa tenemos la impresión muy precisa de que no sabemos lo que estamos diciendo, y también tenemos una conciencia no menos precisa de que los procesos que designamos mediante esos términos gastados, que han sido tomados prestados de los griegos, no se registran únicamente en nuestra caja craneana, sino que pueden influir en la materia directamente, desde fuera o desde dentro de nosotros mismos.

Recordemos que las primeras experiencias que hicieron suponer la existencia de una interacción tan extraña consistieron en arrojar unos dados exigiéndole al sujto que hiciera salir unos números determinados. Se habían escogido los dados porque tenían un pasado «folklórico», porque existen numerosos juegos en el curso de los cuales los jugadores siempre sostuvieron que podían tener más posibilidades que otros y, finalmente, porque uno de esos jugadores «afortunados» estaba presente en el laboratorio de Rhine y había demostrado que, efectivamente, «tenía muy buena suerte». De este modo, se hizo arrojar los dados varios centenares de miles de veces, primero con la mano, después con una máquina simple que el sujeto no tocaba y a la que ni siquiera se aproximaba. Esta experiencia la he practicado yo mismo, porque, para sacarme de dudas, quise reanudar los experimentos de Rhine. Y pude comprobar, efectivamente, que entre los innumerables sobrinos de Chauvin —tiene diecisiete— había, por lo menos dos, que poseían esta sorprendente capacidad que Rhine había creído descubrir.

Pero desde el punto de vista del físico, los dados son un material deplorable con el cual no se pueden obtener experiencias buenas. Es mucho mejor trabajar con partículas elementales y empleando todos los recursos de la electrónica. Por esta razón es por lo que se intentó muy pronto influir en un contador Geiger dedicado a medir la emisión de sales de uranio. Fueron Chauvin y uno de sus amigos, Genthon, físico atómico, quienes ensayaron esta experiencia, hace ya muchos años. Un informe de la misma, muy escueto, apareció en la *Zeitschrift für Parapsychologie,* el cual refleja muy pobremente la emoción que los embargó mientras comprobaban que los dos sujetos (precisamente los dos sobrinos de Chauvin que tanto éxito tenían con los dados), eran capaces de acelerar o de frenar el funcionamiento del contador. Esto no quiere decir, de ningún modo, que el período de desintegración del uranio fuera influido de esa manera, sino más bien que las entrañas electrónicas del contador Geiger sufrían espasmos cuando ciertas personas se aproximaban a ellas.

LOS GENERADORES ALEATORIOS

Pero hacía falta llegar más lejos. Estas experiencias eran un poco simplonas. Chauvin mismo lo ha aceptado de buena fe, en mi presencia; y agregó, además, que su contador Geiger procedía, por lo menos, del tiempo de los romanos. Schmidt ha vuelto a retomar el asunto con todo el método y con toda la obstinación germanos, de los cuales posee cantidades abundantes. Por lo tanto, ha construido unos generadores aleatorios, en los cuales el principio no es de ningún modo distinto al de los contadores Geiger. Más aún teniendo en cuenta que utilizaba el estroncio cuya emisión es muy constante por un lapso suficientemente largo. Pero en un tiempo más corto esta emisión presenta variaciones que, poco o mucho, son completamente aleatorias y, por lo tanto, puede utilizarse para «generar» ya sea números, pares o impares, ya sea cualquier tipo de fenómeno aleatorio de otro orden, como, por ejemplo, encender o apagar una lámpara.

El primer aparato estaba unido a cuatro lámpara gobernadas por cuatro interruptores. Al principio de cada experimento, no hay ninguna lámpara encendida. El sujeto sometido a la prueba trata de adivinar cuál de las lámparas se encenderá apretando el botón correspondiente. De inmediato, el generador responde enviando la corriente hacia una u otra lámpara, de una manera absolutamente casual, siguiendo sólo las leyes aleatorias del azar. Entonces el sujeto pulsa el botón siguiente si cree que la lámpara correspondiente va a encenderse, pero es el pulsar el interruptor lo que no solamente provoca el registro de la «predicción», sino que «genera» la producción del fenómeno siguiente al volver a poner en marcha el aparato. Digamos en seguida que los sujetos de Schmidt tenían éxito al «adivinar» las lámparas que iban a encenderse. No se excluye en absoluto que ciertos sujetos actuaran sobre el generador para trastornarlos conforme a sus adivinaciones. (Esto depende de los sujetos y de las experiencias, aunque es posible saber con qué tipo de sujeto estamos trabajando.) Fue entonces cuando Schmidt comenzó a modificar el aparato y la disposición de la experiencia. Por ejemplo, sustituyendo en el contador una banda en la que estaba impresa una serie de números aleatorios que gobernaban el encendido de las lámparas. O bien el sujeto no debía volver a tocar los interruptores. Tenía que sentarse frente al aparato y desde allí tratar de adivinar cuál era la lámpara que iba a encenderse. O también, debía «intentar» que se encendiera sólo la lámpara número uno por ejemplo, y seguir siempre así a lo largo de toda la experiencia. De esta forma Schmidt obtuvo una cantidad importante, y estadísticamente significativa, de éxitos en todas sus experiencias. Fue así como llegó a la alarmante conclusión de que la «facultad *psi*» es muy semejante a «un principio orientado hacia un objetivo que avanza con éxito hacia un acontecimiento final, sea cual sea la complicación de las etapas intermedias». En una palabra, *psi* sería algo similar a la voluntad. Ésta es una idea sostenida por muchos filósofos y parapsicólogos.

Para comprender mejor lo que ellos quieren decir es necesario reflexionar en lo que hacemos en el curso de un acto voluntario como extender un brazo. Esta operación nos parece muy sencilla. Sin embargo, necesita la contracción, y también y por el contrario, la relajación o la extensión de una veintena de músculos diferentes. ¿Cómo hemos podido llegar a realizar todo esto? Sería falso desde todo punto de vista admitir que hemos aprendido, durante nuestra infancia, a contraer y a relajar los músculos. Nunca hemos aprendido nada semejante y la mayor parte de nosotros ignoramos completamente la existencia de toda esa maquinaria. Y todo esto no impide que podamos mover nuestros miembros. No, todo lo que sabemos, todo lo que hemos aprendido es, simplemente, a mover el brazo. Eso que llamamos la voluntad se ríe de los obstáculos materiales, se las arregla con la Fisiología, Dios sabe cómo, y finalmente nuestros miembros, sin que nosotros sepamos por qué ni de qué forma, hacen aquello que nosotros habíamos decidido que tenían que hacer.

Puedo poner otro ejemplo bastante sorprendente: la experiencia de Weiss. En el curso de no sé qué intervención quirúrgica relacionada con unas heridas muy graves, fue necesario injertar el nervio de un extensor de la pierna sobre el flexor y viceversa. En estos casos el herido no puede volver a servirse de inmediato de su pierna. Pero se le puede reeducar y al fin acabará por andar siempre y cuando esté atento a lo que hace. Si su atención se relaja, la pierna empezará de repente a efectuar movimientos incoherentes que le harán perder la estabilidad. Una experiencia de este tipo no tiene éxito con los monos, que no pueden volver a andar después de semejante operación.

Es así como la voluntad, ignorando las vías nerviosas normales y los obstáculos fisiológicos aparentemente infranqueables que se le oponen, consigue alcanzar su objetivo. Todo lo cual nos devuelve inmediatamente a las conclusiones de Schmidt.

«PSI» Y LA MATERIA VIVA

Helmut Schmidt fue aún mucho más lejos, siempre utilizando su generador aleatorio. En efecto, se puede utilizar de otra manera sirviéndose de él para generar, una vez por segundo, pero a intervalos irregulares, ciertos estímulos agradables o desagradables sobre un animal o sobre materia viva. Por ejemplo, Schmidt intercaló en el circuito un gato metido en una cámara fría con una lámpara de rayos infrarrojos que expedía, gobernada por el generador aleatorio, una bocanada de calor hacia el gato a un promedio de una vez por segundo. En estas condiciones, el generador aleatorio no funcionaba correctamente, es decir, que ponían en acción la lámpara de rayos infrarrojos con mayor asiduidad que la debida, como si el gato, que no entiende nada de electrónica (no más de lo que el hombre entiende respecto al mecanismo de sus brazos), estuviera gobernando el generador para que le enviara mayores cantidades de calor.

En otra experiencia, Schmidt utilizó unas cucarachas, a las cuales el generador expedía, de vez en cuando, un estímulo desagradable, en este caso un choque eléctrico. Se comenzó por comprobar y volver a comprobar al generador desde el punto de vista del carácter aleatorio de sus señales electrónicas y funcionaba perfectamente. Luego se introdujeron las cucarachas y volvió a observarse una desviación, aunque en sentido contrario a la ocurrida en la experiencia con el gato, o sea, que los estímulos desagradables eran expedidos con menor asiduidad que antes.

En Durham me dijeron que se había intentado un tercer experimento con unos huevos de gallina en vías de desarrollo que habían sido colocados a una temperatura inferior a la normal para la incubación. También en esta ocasión había una lámpara de rayos infrarrojos que lanzaba bocanadas de calor, y también entonces, desde el momento en que los huevos fueron introducidos en el circuito, la lámpara empezó a distribuir más ondas caloríficas que las previstas. El generador volvió a funcionar correctamente cuando los huevos fueron echados al agua hirviendo. También se han hecho pruebas con células vegetales, específicamente las de las algas verdes llamadas *Chlorella*, pero sin éxito hasta el presente.

«PSI» Y LOS VEGETALES

De todos modos, un médico francés, el doctor Jean Barry (1), de Burdeos, ha tenido más éxito con las plantas. Este doctor se fijó como tarea inhibir el crecimiento de dos hongos parásitos de las plantas, el *Stereum purpureum* y el *Rhizoctonia solani*, con la ayuda del fenómeno *psi*. Los hongos fueron cultivados en botes de Pétri, en el laboratorio. Las plantas que servirían de medio ambiente para los parásitos fueron sembradas a la 1.30 horas del día previsto al «test», y luego fueron colocados los cultivos a 21°. La luz les fue suministrada doce horas sobre veinticuatro. A las 8.30, el día de la prueba, se procedió a la entrega a cada experimentador de cinco cajas para tratar y cinco cajas testigo. Las instrucciones consistían en tratar de bloquear el crecimiento del contenido de cinco de aquellas cajas simplemente por medio de la concentración de la voluntad, mientras se

(1) Ver *Journal of Parapsychology*, n.° de diciembre de 1968.

ignoraba a las demás cajas. Un asistente se encargaba de efectuar las distintas manipulaciones, pero los sujetos sometidos a la prueba no podían aproximarse a menos de 1,50 metros de las cajas. Permanecieron cada uno quince minutos frente a la mesa de experimentación. La superficie de los parásitos se medía por calco sobre papel delgado y transparente que a continuación se recortaba y se estudiaba. La persona encargada de esta tarea no estaba en absoluto al corriente de lo que ocurría. Se realizaron nueve series de experiencias en las cuales participaron diez personas. Sobre treinta y nueve cajas, treinta y tres mostraron un crecimiento más débil que el de los hongos testigos, tres un crecimiento más notorio y otras tres un mismo grado de crecimiento. No había más de una posibilidad entre mil de obtener semejante resultado. Recordemos, puesto que estamos ocupándonos de la influencia de *psi* sobre los vegetales, que Grad había presentado a un sujeto algunos grupos de semillas pidiéndole que acelerara el crecimiento de ciertos grupos y apartando otros como testigos. Los resultados fueron positivos (1). Por otra parte, Brier, midiendo la resistencia eléctrica de las plantas, se dio cuenta de que podía ser influida también por el efecto *psi* (2). (Véase figura 9, fuera de texto.)

EN BUSCA DEL BUEN GENERADOR ALEATORIO

Un fenómeno singular, y que hasta el presente no tiene explicación, es el fracaso del experimento de Schmidt si se repite muchas veces. Entonces, rápidamente, el generador aleatorio vuelve a su ritmo normal y sus impulsiones vuelven a estar de acuerdo con las leyes del azar.

Así, pues, no solamente un animal, sino también la materia viva (¿es que a un huevo podemos denominarlo animal?) actúan sobre las máquinas aleatorias a un nivel electrónico.

Evidentemente, queda un problema por resolver. ¿Es verdaderamente la materia viva la que actúa sobre el generador, o es

(1) *Journal of Parapsychology*, n.º 6, 1963, páginas 117-133.
(2) Rhine (J. B.) y Brier, en *Parapsychology Today* (Nueva York, Citadel Press, 1968).

el cerebro del observador, que aun sin sospecharlo, desea que se produzcan ciertos resultados antes que otros? Es difícil responder categóricamente a esta pregunta. Digamos de todos modos que, en la mayoría de los casos, el aparato sigue funcionando automáticamente mientras el experimentador está durmiendo o mientras se encuentra alejado. Sé muy bien que este argumento no es del todo convincente. Pero la objeción puede no tener una importancia esencial. Supongamos que el experimento, tal como es realizado por Schmidt, arroja unos resultados más evidentes que muchos otros similares. Esto seguramente se debe a que la técnica es mejor, sea la que sea la parte que cumpla el observador.

La verdad es que actualmente nos encontramos ante un problema abracadabrante que habría sorprendido notablemente a los primeros parapsicólogos. Los laboratorios se han lanzado a la busca de un generador aleatorio que no pueda ser influido por la facultad *psi*. Y, al parecer, todo sistema inestable, mecánico o electrónico, puede ser influido, al menos por ciertos sujetos. El único aparato que podría funcionar a satisfacción sería una banda en la cual se hubieran impreso de antemano unas series de números aleatorios que dieran lugar a impulsiones de sentido opuesto según se tratara de números pares o de números impares. En este sistema no hay ninguna inestabilidad mecánica (pero al mismo tiempo este aparato no es rigurosamente aleatorio). Aún no se han hecho pruebas en estas condiciones (el ejemplo citado anteriormente se refiere a la precognición) y es muy probable que la facultad *psi* no pueda ejercer influencia en este caso.

LA PRECOGNICIÓN ENTRE LOS ANIMALES

Se puede llegar más lejos aún, y ahora nos encontramos frente a una experiencia por la cual yo siento una cierta ternura, puesto que he participado en su concepción y en su ejecución con mi amigo Montredon. Ya se ha intentado, en numerosas ocasiones, establecer experiencias de Parapsicología con animales. Esto es debido a razones técnicas muy evidentes. El empleo de sujetos humanos es trabajoso y delicado; una gran cantidad de experimentos se hace imposible por razones técnicas o éticas (por ejemplo, las intervenciones sobre el cerebro). Por otro lado, una dificultad muy grave impide, a veces, sacar conclusión alguna cuando se trabaja con animales en el sentido de poner en evidencia el fenómeno *psi.* Esto se debe a la enorme agudeza de sus órganos sensoriales, agudeza notoria en ciertas direcciones por lo menos. Es un hecho que un experimentador que trabaje con perros, por ejemplo, deberá prevenirse contra los estímulos olfativos que puedan guiar al animal hacia la solución del problema sin que tenga necesidad, para llegar a esa solución, de invocar la Parapsicología. Piensen que a un perro le basta olfatear un bastón durante dos segundos para poder reconocer después el olor de una persona aunque haya pasado una semana. Y parece cierto, según el fisiólogo Le Magnen, que los perros están capacitados para distinguir un hilo eléctrico neutro de otro por el cual circule una corriente (sin duda a causa de sutiles diferencias de ionización en el aire que rodea al hilo electrizado). Ossis y Forster (1), en 1952 y 1953, realizaron varias experiencias con gatos y no sin éxito. Pero lo cierto es que los experimentos del laboratorio de Rhine no estaban especialmente orientados hacia los animales. Eran psicólogos del hombre, en su mayor parte, y carecían de práctica zoológica. Por lo tanto, redujeron sus experimentos a los sujetos humanos.

LA PRECOGNICIÓN ENTRE LOS RATONES

Yo he querido realizar con Montredon un aparato completamente automático en el que todo pudiera registrarse independientemente de la presencia del experimentador. Esquemáticamente, se trata de una caja dividida en dos mitades que pueden ser electrizadas independientemente la una de la otra siguiendo un orden aleatorio. El animal (en este caso un ratón) es advertido, por una lámpara que se enciende, de la inminencia de un choque eléctrico. Pero el ratón no puede adivinar, a través de las vías sensoriales

(1) Osis (K.). «A Test of the Occurrence of a Psi effect between Man and the Cat», en *Journal of Parapsychology*, páginas 233-236, 1952. Forster (E. B.), «A test of ESP in cats», en *Journal of Parapsychology*, 17, páginas 167-186, 1953.

normales, cuál es la mitad que va a ser electrizada. Si es la mitad en la cual se encuentra, deberá, para evitar un estímulo desagradable, saltar a la otra mitad antes de que pase la corriente. Estadísticamente, y si no interviene ningún factor psicológico, el ratón tiene un cincuenta por ciento de posibilidades de recibir una descarga. El aparato registra y nos informa del lugar donde el animal se encuentra y del sitio por donde pasa la corriente. Por lo tanto, es fácil saber, puesto que todo queda registrado, si verdaderamente se respeta la regla del cincuenta por ciento de posibilidades.

Esta regla no se respeta en absoluto. En realidad, el ratón recibe muchas menos descargas de las que debería recibir, lo cual demuestra que ha adivinado, en un número importante de casos, cuál es la mitad de la caja por la que va a pasar la corriente. En una palabra, se trata de precognición. Agregaría que en este caso el experimentador no está forzosamente junto a la caja y que, por lo tanto, el recipiente en el que se encuentra el ratón (estrictamente aislado de los estímulos térmicos, acústicos y luminosos) y el bloque de mando y de registro están en dos piezas distintas. La labor del experimentador se limita a comprobar de vez en cuando si todo marcha correctamente. Aparte de esto, no tiene otro trabajo que el de leer las bandas impresas que van saliendo del aparato. Evidentemente, aún se puede sostener que el ratón conoce, por telepatía con el experimentador, cuál es el lado que va a ser electrizado, y que, además, el observador lo conoce por «clarividencia respecto a su máquina». Sin embargo, ésta es una serie de hipótesis difíciles de sostener. Lo cierto es que nuestra experiencia ya ha sido repetida muchas veces, con éxito, en América y en Holanda y que la misma va a convertirse en un clásico de la Parapsicología (1). Es por esto por lo que estamos tan contentos.

(1) Esta experiencia fue publicada después de haber sido rehecha. Ver Levy (W. J.): «The effect of the est Situation on Precognition in mice, a conformation Study», en *Journal of Parapsychology*, 36, páginas 46-56, 1972.

EL PROBLEMA DE LA APLICACIÓN

Más allá de todas las discusiones teóricas emerge una conclusión de buen sentido: si el fenómeno *psi* pudiera ser domesticado, si pudiera servir para alguna cosa, todo el mundo dejaría de tener en cuenta su conformidad o no con la Física. La escuela de Rhine ha pensado, aunque sin ceñirse totalmente, más o menos según mi opinión.

Podrían hacerse prospecciones en dos sentidos: ya sea ejercer una influencia sobre un fenómeno físico (por ejemplo, sobre la ruleta de un casino) o adivinar un acontecimiento del cual se está alejado por la distancia (clarividencia) o por el tiempo (precognición). Sólo que ya no se trata de una experiencia de laboratorio, donde la significación estadística puede ser falible o marginal, aunque deje satisfecho al experimentador. Es necesario que la experiencia sea rentable, es decir, que la señal surja suficientemente del «sonido de fondo» (1) para hacer posible su utilización práctica. Hay que notar que el sonido de fondo puede ser considerable sin que por esto interfiera la localización de la señal. Actualmente, poseemos métodos modernos de localización de señales que son indudablemente eficaces. También refiriéndonos al presente, parecería que, hasta ahora, la señal *psi* seguía siendo muy débil como para que se la pudiera extraer, de una manera satisfactoria, de dentro del sonido de fondo.

La primera idea que viene al espíritu es la «técnica del voto». Supongamos que un espectador quiere adivinar un naipe. Podemos imaginar que si insiste varias veces anotando en cada oportunidad sus resultados, tiene más posibilidad de acertar que ensayando una sola vez, a no ser que *psi* no funcione en absoluto en su caso. Se puede realizar el mismo experimento empleando varios observadores que emiten su voto en cuanto a lo que puede

(1) Se llama «sonido de fondo» al ensamblaje de fenómenos debidos al contexto general, a todas las interferencias, a todos los incidentes producidos por el medio físico y mental en el cual se desarrolla la experiencia.

ser una carta oculta. Entonces, la mayoría debería tener más posibilidades de acertar.

A decir verdad, la operación es bastante larga y fastidiosa con las cartas de Zener, que son las que los parapsicólogos utilizan habitualmente. Éste es el motivo por el cual Fisk había pensado, antiguamente, utilizar las «cartas-reloj», que representan un cuadrante con una barra colocada delante de una de las cifras del mismo. De este modo se pueden anotar todas las desviaciones en una misma carta de referencia y comprobar si se acercan más o menos al objetivo. Si *psi* está en funciones, debe formarse una «nube de puntos» en torno a la barra. Así es posible saber si se está verificando un acercamiento mayor o menor en dirección al objetivo, mientras que con los naipes comunes es la ley del todo o nada la que juega. Las «cartas-reloj» deben ser, por lo tanto, más sensibles.

Estas cartas presentan una dificultad imprevista: algunos sujetos prefieren inconscientemente ciertas cifras del cuadrante. Fisk ha notado, con regocijo, que las seis y media acumulaba un número de sufragios poco conforme con las leyes del azar, sin duda, según dijo, porque ésa es la hora de salida del trabajo. Lo que demuestra, al menos, que había «clarividencia» respecto a esa hora por más que las adivinaciones no hayan sido tan buenas a causa de la intervención de este factor de preferencia.

Por esta razón, yo pude perfeccionar el procedimiento haciéndolo más automático. Suprimí las cifras sobre el cuadrante. Una simple barra indica el objetivo. Una aguja montada sobre un eje central puede servir para perforar el cuadrante en el lugar donde el sujeto creyó haber descubierto la barra. Por lo que, al final, sólo hace falta contar los huecos de aguja y señalar sus emplazamientos. Los resultados son curiosamente buenos, infinitamente superiores a los de otros «tests», hasta el punto que yo mismo, que soy un sujeto deplorable, llego a obtener resultados positivos.

Sin entrar en muchos detalles técnicos, digamos que dos experimentadores han aplicado la técnica del voto al juego de ruleta, y no sin éxito... Es verdad que se trata de algo muy largo y complicado, pero lo bastante claro como para que se pueda afirmar que ya tenemos una aplicación a la vista.

CUANDO LO EXTRAÑO VIENE DEL CIELO

EL CASO GAUQUELIN

ESTADÍSTICA Y ASTROLOGÍA

De lo que se trata aquí es de un caso absolutamente contemporáneo. Gauquelin es un hombre joven. Psicólogo y estadístico de profesión, se interesó en un tema maldito: la Astrología.

Su idea central —compartida por muchos investigadores heréticos— parte de la posibilidad de que las antiguas técnicas adivinatorias, la Astrología, el poso de café, la bola de cristal, la Geomancia y qué sé yo qué más, podían contener una verdad entre 999 sandeces.

Gauquelin opina muy justamente que si existe alguna cosa de verdad en la Astrología, la poderosa herramienta de la estadística puede hacerla emerger. Esta idea no es nueva. Muchos otros la han definido antes que él, en particular el famoso Choisnard (1867-1930), que no ignoraba la Estadística, siendo, como era, politécnico. Pero algunas de las leyes que él intentaba comprobar no pudieron ser recobradas por investigadores posteriores. Gauquelin explica esto por la ausencia de una crítica suficientemente radical en relación a los hallazgos de Choisnard. En realidad, este último había actuado con demasiada cautela, como nos lo demuestra Gauquelin al decir que es necesario volver a partir de cero. Por mi parte, yo creo también que el conjunto de casos estudiado por Choisnard (el muestrario, como se dice), no estaba suficientemente elaborado. La Estadística aplicada ha hecho algunos progresos desde principios de siglo. Otro investigador igualmente muy conocido, el suizo K. E. Krafft, funda su enorme *Tratado de astrobiología* (1939) sobre principios tan válidos como los de Choisnard, pero también él los aplicó mal, sin duda, puesto que ha sido imposible, después de él, volver a encontrar las leyes miríficas que creía estadísticamente demostradas.

Choisnard y Krafft son los dos testigos que citan sin cesar los partidarios de la Astrología, como prueba de lo bien fundadas que están sus tesis favoritas. Pero hace falta llegar a Gauquelin, cuyos primeros trabajos de conjunto datan de 1955, para que el problema fuera, al fin, reemprendido sobre unas bases absolutamente sanas. Voy a seguir ahora, muy de cerca, el análisis de Gauquelin (1).

Lo importante, como he hecho notar más arriba, es en primer lugar reunir un muestrario suficientemente importante de una población en particular. Puesto que si consideramos la población en general, puede darse por seguro que la repartición de los astros en el momento del nacimiento de los sujetos puede ser cualquiera. Pero, ¿qué variables elegir en la sociedad de un muestrario? ¿El carácter, como hacen la mayoría de los astrólogos? Por supuesto que no. Aunque esto pueda apenar a algunos de mis amigos, debo confesar que la Caracterología, en general, provoca entre los biólogos una desconfianza considerable. Se trata de una ciencia que debería existir, lo concedo, pero es casi seguro que la misma no existe todavía, que se halla confinada en generalidades tan vagas que es imposible sacar una indicación práctica y, por lo tanto, estudiar la Astrología con la ayuda de la Caracterología es hacer guiar a un ciego por un paralítico.

La profesión, y, dentro de ella, el éxito profesional, es un criterio infinitamente más sólido. Siguiendo las publicaciones biográficas y los anuarios, se pueden elaborar listas de personalidades que han «triunfado» otorgando un sentido objetivo al término triunfo: dirigir un establecimiento importante, ser presidente de una asociación célebre, ser miembro de muchas academias, haber obtenido el premio Nobel, etc.

Existen incluso algunos diccionarios biográficos que son suficientes como consulta, menos porque siempre falta un dato esencial: la hora de nacimiento. Por lo tanto, Gauquelin se vio obligado a fijar dicha hora de acuerdo con los registros del estado civil. Fue entonces cuando comenzaron sus tribulaciones, que duran todavía. En efecto, un cierto número de países no registra

(1) Ver Gauquelin (M.): *La astrología ayer y hoy* (París, C.A.L., y Denoël, 1972).

estas horas y otros países se niegan a comunicarlas. Finalmente, después de muchos esfuerzos, Gauquelin llegó a reunir 16.000 fechas con las horas de nacimiento de notabilidades europeas del Mercado Común y pudo disponer también de un lote suplementario de 12.000 nacimientos que constituían el equipo testigo, formado por personas que habían ejercido las mismas profesiones que los 16.000 precedentes, pero sin alcanzar la notoriedad (ausencia de mención en los diccionarios biográficos, presencia únicamente en los anuarios profesionales). He tenido ante mis ojos los registros de Gauquelin, que forman seis enormes volúmenes (1). La suma de trabajo que representan es en verdad abrumadora.

LA HORA DEL NACIMIENTO DE LAS CELEBRIDADES

Faltaba estudiar las correlaciones entre esas horas de nacimiento y la posición de los planetas en el cielo en aquel mismo momento. Esto no es tan sencillo como parece. Cada planeta, igual que la Luna, sale, alcanza su culminación en un cierto punto del cielo y luego se pone en otro punto. Pero las horas de salida y de puesta difieren según el momento del año y no son las mismas para los distintos planetas. Afortunadamente, todos estos datos pueden encontrarse en el Anuario del Servicio de longitudes.

Ahora bien, en la primera comprobación todo ocurría como si, según las profesiones ejercidas, las celebridades hubieran «elegido» o, por el contrario, «evitado» nacer durante el paso de los astros por el horizonte o por el meridiano. La tendencia es tan marcada, su repetición es tan constante a través de todos los grupos examinados, que el mero azar no puede ser tenido en cuenta como único responsable.

Entre 3.647 médicos y hombres de ciencia, 724 en vez de 626 (número teórico calculado) nacieron después del paso de Marte por el punto de salida o después de su culminación superior. No existe más que una posibilidad entre 500.000 de que sólo el azar

(1) Publicados por el Laboratorio de Estudios de las Relaciones entre Ritmos Cósmicos y Psicofisiológicos (París, 1970-71).

haya sido la causa de un semejante excedente de nacimientos. Entre los mismos sabios, 704 en vez de los 598 calculados en teoría nacieron luego de la salida o de la culminación de Saturno. Probabilidad dejada al azar: 1 sobre 300.000.

Entre 2.088 campeones de deportes, Marte domina en exclusiva, y además con una nitidez sorprendente. Se le contabilizaron 452 nacimientos en vez de 358, a la salida o la culminación, lo que no deja al azar más que una posibilidad sobre cinco millones.

Entre 3.438 hombres de guerra conocidos, Júpiter y Marte se hallan en excedente en las regiones que siguen a la salida y a la culminación: Júpiter con 703 nacimientos en vez de 572, y Marte con 680 en vez de 590. La probabilidad dejada al zar es, en los dos casos, inferior a una entre un millón de oportunidades.

Lo más sorprendente, a mi modo de ver, es la ausencia de particularidades planetarias dentro del grupo testigo, el de los profesionales que no alcanzaron la notoriedad. Por ejemplo, los deportistas que nunca han obtenido más que éxitos medianos y que nunca han batido ninguna marca muestran un cielo de nacimiento banal, en el cual Marte no cumple un papel más destacado que entre el común de los mortales. Creo que esta precaución de contar con un grupo testigo, propia de las investigaciones de Gauquelin y que nunca había sido tenida en cuenta con anterioridad, contribuye no poco a obtener la convicción del lector imparcial.

EL NACIMIENTO HUMANO Y LOS PLANETAS

Para empezar digamos que se sabe, desde hace poco tiempo, que es el feto el que provoca su expulsión, siendo las contracciones uterinas de la madre desencadenadas por las hormonas fetales. *Según Liggins, las glándulas suprarrenales del feto y particularmente la adrenalina y las hormonas corticosuprarrenales que aquélla segrega están capacitadas para provocar y guiar el nacimiento* (Gauquelin). Habría, por lo tanto, un momento privilegiado de sensibilidad electiva por parte de las suprarrenales fetales frente a las influencias solares, moduladas por los planetas. A mi juicio, el hecho de que esto sea sorprendente no prueba que sea imposible. En todo caso, después de la intervención del médico que provoca el parto a su voluntad, no se puede revelar ningún otro influjo planetario, como Gauquelin lo ha comprobado y como era de esperar.

Pero hay más cosas curiosas. Gauquelin ha demostrado, además, que *el planeta no agrega nada a la criatura que nace, sino que, a lo sumo, puede servir como indicador de una tendencia de comportamiento que le conducirá, más adelante, a adoptar una carrera conveniente a su temperamento.* Simplificando bastante, yo traduciría esto a unos términos fisiológicos diciendo que debido a que la suprarrenal fetal ha sido constituida por la herencia de tal o cual carácter, dicha glándula va a provocar el nacimiento preferentemente en el momento de la culminación de Júpiter y las suprarrenales que responden de este modo a la «llamada de Júpiter» corresponden a un determinado temperamento neurohormonal que actúa sobre el éxito en una profesión determinada. Todo esto entraña una consecuencia ineluctable: si la posición del astro indica un factor de carácter y si los factores de carácter son modelados por la herencia, la posición del astro también debe ser hereditaria. *Si el corredor de ciclismo Pélissier ha recibido de la Naturaleza un temperamento excepcionalmente combativo, uno de sus padres ha debido manifestar antes que él este temperamento. Es de suponer que dicho padre habrá nacido, también él, probablemente, cuando Marte se encontraba en el horizonte o en el meridiano.* (Gauquelin.)

Este «efecto planetario de herencia» (1), según la denominación de Gauquelin, ha sido efectivamente hallado gracias a más de 30.000 horas de nacimiento recogidas en París y en la región parisiense. Los niños muestran una aguda tendencia a venir al mundo «en los mismos estados cósmicos que presidieron el nacimiento de sus padres». Sin embargo, Gauquelin no ha encontrado este efecto más que entre los astros más voluminosos del sistema solar, o los más próximos a la Tierra: la Luna, Venus, Marte, Júpiter y Saturno.

Neptuno, Urano, Plutón y Mercurio no cumplen ningún papel que haya podido ser descubierto (es curioso notar que Clark, citado por Nelson (1952), había encontrado una correlación entre

(1) Ver Gauquelin (M.): *La herencia planetaria* (París, Planète, 1966).

las posiciones de Urano, Neptuno y Plutón y las perturbaciones de las señales de radio). Pero el efecto de herencia está en relación con las perturbaciones del magnetismo terrestre, es decir, con el estado del Sol. El número de similitudes hereditarias entre padres e hijos es dos veces mayor cuando han nacido en un día de gran agitación magnética que cuando han nacido en un día de calma.

¿EXISTEN HIPÓTESIS EXPLICATIVAS?

La razón profunda de la repugnancia de muchos hombres de ciencia respecto a admitir las teorías de Gauquelin, es que no se ve (más valdría decir que no se veía) un mecanismo físico capaz de hacer el balance de un fenómeno tan sorprendente. Como bien ha dicho Gauquelin, hace muy pocos años que se considera a los planetas como algo más que simples piedras inertes que se desplazan por el espacio vacío, incapaces de provocar otros fenómenos que no sean los eclipses y las mareas.

Ahora bien, desde hace una quincena de años nuestras ideas han ido modificándose sensiblemente en este sentido. Veamos de qué se trata y no olvidemos que no llegaremos de este modo a demostrar la exactitud de las tesis de Gauquelin. No es ése nuestro objetivo. Veremos simplemente que la hipótesis de una influencia de los planetas sobre la fisiología de los entes orgánicos es mucho menos disparatada de lo que se creía antes.

LOS PLANETAS Y EL SOL

Se sabe, desde hace relativamente poco tiempo, que la Tierra se encuentra, en realidad, sumergida en la atmósfera solar y que este astro arroja permanentemente una lluvia de protones y de electrones, el «viento solar», que puede influir en los fenómenos físicos y biológicos terrestres de una manera que nosotros apenas comenzamos a saber apreciar. En cuanto a la influencia del Sol (de sus manchas, por ejemplo), sobre la patología y la biología humanas, ya es desde hace tiempo un capítulo banal de nuestros manuales. Ahora bien: 1) esta influencia del Sol va mucho más lejos e incide mucho más en el detalle de lo que nosotros creíamos; 2) los planetas, a su vez, provocan efectos importantes en el Sol.

LA INFLUENCIA DEL SOL ES MAYOR DE LO QUE CREÍAMOS

Recordemos los trabajos (sobre todo alemanes) que sustentan la teoría de que el Sol ejerce una influencia sobre las embolias pulmonares, sobre los períodos de ataque de eclampsia, sobre los accidentes de tráfico debidos a una disminución de la rapidez de los reflejos, sobre los ataques cardíacos y especialmente sobre el infarto de miocardio y sobre las enfermedades mentales. Ésta no es, en absoluto, la ocasión para extenderse demasiado sobre este asunto (1). Menos conocida es la acción de la situación solar sobre la composición de la sangre (Schulz) y sobre el índice de floculación del suero (Takata), y sobre todo las investigaciones de Bortels y Piccardi. En dos palabras, toda una serie de reacciones químicas y fisicoquímicas es influida por factores cósmicos: envejecimiento del trisulfuro de arsénico, sobrefusión del agua (el agua puede permanecer en estado líquido por debajo de 0°, con tal que se eviten los choques), precipitación del oxicloruro de bismuto, etc. Todas estas reacciones se realizaron en tubos herméticos y, sin embargo, presentaban, en ciertos casos, desviaciones cíclicas en correlación con las variaciones de la presión barométrica o con las variaciones del *jet stream* (gran viento de la estratosfera), todo lo cual es absurdo.

La única explicación es evidentemente que hay otro factor en juego, algo que no se arredra ni ante los muros del laboratorio ni ante las paredes de vidrio de los tubos y que se encuentra en relación indirecta con la presión atmosférica y con el *jet stream*. Dejaré de lado las teorías consideradas en el pasado por Piccardi y su escuela. Al parecer, sus investigaciones se orientan actual-

(1) Para más detalles, ver Gauquelin (M.): *Les horloges cosmiques* (París, Denoël, 1970. Edición española: *Los relojes cósmicos*, Plaza & Janés en la Colección «Otros Mundos»).

mente hacia las ondas electromagnéticas de una gran longitud de onda, las llamadas E. L. F. *(Extremely Low Frecuencies)*, de energía muy débil y que pasan a través de las cajas de Faraday o a través de los muros de un laboratorio sin dificultad. Como ha demostrado König (1960), estas ondas son emitidas en abundancia por el Sol. Faltaría saber cómo actúan estas ondas sobre los reactivos químicos de muy variadas especies colocados en el interior de unos tubos herméticamente cerrados. Es difícil suponer que un mismo factor pueda modificar mecanismos tan diversos, a menos que los mismos presenten algún punto en común: y ese punto, ahora lo conocemos, es su estado de disolución en el agua. De todo lo cual Piccardi ha sacado la conclusión de que los E. L. F. deben modificar la estructura del agua.

Ésta es una hipótesis bastante verosímil, puesto que si existe sobre la Tierra un líquido diabólico de estructura inestable, y mal conocido por añadidura, es el agua. Ahora bien, el agua es la base misma de los organismos vivientes. ¿Quién es el que ha dicho que los seres vivos no eran otra cosa que artificios empleados por el agua para poder pasearse al Sol? Así se explicarían con bastante sencillez las innumerables variaciones biológicas en conexión con la actividad solar.

LOS PLANETAS ACTÚAN SOBRE EL SOL

Los planetas, y esto lo sabemos desde hace poco, se interfieren en el ciclo propio del Sol, que es de once años. En efecto, a lo largo de estos once años, las manchas solares y diversas otras perturbaciones describen un ciclo casi absolutamente regular. Pero también se comprueban cotidianamente otras modificaciones de la actividad solar de las cuales no todas tienen actualmente una explicación. Parece, desde hace poco tiempo, que se debe atribuir a los planetas y a sus desplazamientos en relación al Sol una buena parte de influencia en esos fenómenos. A los mismos incluso se les ha dado un nombre, el de «mareas planetarias».

Treillis (1) ha estudiado el efecto de los planetas en un perío-

(1) Informe de la Academia de Ciencias, páginas 262, 221-4, 312-5, 376-7, 1966.

do de 80 años y ha medido la amplitud de la «marea» producida en la superficie del Sol por los seis planetas: Mercurio, Venus, Tierra, Marte, Júpiter y Saturno. Encuentra que la superficie de las manchas solares es más grande con la «marea alta» que con la «marea baja». La amplitud de las mareas sería de un milímetro. Teniendo en cuenta el volumen del Sol, esta medida corresponde a unos formidables desplazamientos de materia susceptibles de afectar muy seriamente el comportamiento del astro. Naturalmente, una retroacción es inevitable y los planetas como la Tierra se ven afectados a su vez por los cambios que ellos mismos han producido en la superficie del Sol.

¿Se han comprobado ya esas perturbaciones en la superficie de la Tierra? Algunas sí, en el dominio de las telecomunicaciones. Nelson ha hecho sobre esta materia curiosas observaciones (1). Nelson era ingeniero de la famosa sociedad de telecomunicaciones RCA, en Manhattan, y se ocupaba del pequeño observatorio solar erigido en aquel sitio por la compañía. El objetivo era observar las manchas del Sol y comprobar su efecto en cuanto a la interferencia con las telecomunicaciones. En resumen, las previsiones establecidas de acuerdo con las manchas son bastante satisfactorias salvo que existe un residuo bastante importante y muy molesto, lo cual es un síntoma de que existe otro factor que también ejerce su influencia. Diversos autores han intentado explicar este residuo y han imaginado influencias planetarias respecto al Sol (2). Pero sus estudios carecían tal vez de la mínima solidez necesaria desde el punto de vista estadístico. Los métodos modernos han demostrado muy pronto que cuando se presentan «configuraciones múltiples» las perturbaciones de las comunicaciones hertzianas son considerables. Una configuración múltiple se produce cuando dos planetas están alineados en un mismo plano (hallándose el Sol en el medio) habiendo un tercer planeta a 90° de los otros dos. (Véase figura 10, fuera de texto.) Pueden producirse numerosas configuraciones múltiples que se «desfondan» en unas cuantas horas, y entonces las perturbaciones de radio son graves. Otras configuraciones subsisten a lo largo de

(1) Nelson (J. H.): *Electrical Engineering* (Washington 1952), págs. 421-424).
(2) Cf. Huntington (E.): *Earth and Sun* (New Haven, Yale University Press, Connecticut, 1923); Clayton (H.): *Solar radiations* (Canton Mass, Clayton Weather Service, 1943); Sanford (F.): *Influence of Planetary configurations upon the Frequency of visible Sunspot* (Smithsonian University, 1936).

varios días y las perturbaciones, por lo tanto, son más difíciles de observar. Pueden producirse configuraciones múltiples de cinco planetas (véase figura 11, fuera de texto), y en esos casos las interferencias de radio se hacen extremadamente importantes. En teoría, los ciclos de «interferencia» entre los planetas de movimiento lento, como Júpiter y Saturno, deberían producir reacciones graduales y de largo alcance, que darían lugar a perturbaciones más graves cuando los planetas rápidos entren a su vez en interferencia con los planetas grandes o cuando se interfieran entre ellos mismos. De hecho, cuando Júpiter y Saturno se encuentran en múltiplos de 90° en relación al Sol, el año es especialmente fértil en perturbaciones hertzianas. Pudo notarse, como dijo Nelson, «que en 1948, cuando Júpiter y Saturno estaban a 120° uno del otro, con actividad solar al máximo, las señales de radio conservaron una buena calidad media a lo largo del año, una calidad muy superior a la de 1951, con Júpiter y Saturno a 180° y una fuerte merma de la actividad solar. Dicho de otra forma, la curva media de calidad de las señales de radio sigue más bien la curva Júpiter-Saturno que el ciclo de las manchas solares. Y añadamos, argumento decisivo, que estas observaciones han tenido un alcance práctico:

Combinando las indicaciones planetarias con las observaciones solares y con el análisis de las señales de un día al otro, se ha desarrollado un sistema de previsión con 24 horas de anticipación, en el cual la precisión fue cercana al 85 % durante 1950 y 1951. (Nelson.)

¿TIENEN LOS PLANETAS UNA INFLUENCIA DIRECTA SOBRE LA TIERRA?

Esto no está de ningún modo excluido. Se sabe, en todo caso, que Júpiter es el foco de una potente emisión de radio que varía, por otra parte, en razón inversa a la actividad solar. Cuando el Sol está en calma, Júpiter emite mucho y viceversa. Además, ciertos planetas actúan directamente sobre el magnetismo terrestre. Hontgast y Van Sluiters, por una parte, han demostrado que la agitación magnética terrestre disminuye durante ocho horas en las proximidades de la conjunción inferior de Venus, es decir, cuando vemos se encuentra en medio de la alineación entre el Sol y la Tierra (1). La misma observación ha sido hecha por parte de Jacobs y Atkinson refiriéndose al momento de la conjunción inferior de Mercurio. Por estos mismos autores se observa también una disminución de la agitación magnética durante diez días en el momento de la oposición entre Júpiter y el Sol y lo mismo ocurre en cuanto a la oposición entre Marte y el Sol (Gauquelin).

¿Y LA INFLUENCIA DE LA LUNA?

Evidentemente, es la influencia de la Luna la que ha dado lugar a mayor cantidad de supersticiones y de teorías. Para toda la agricultura de otras épocas (e incluso en la actualidad) la acción de la Luna sobre el brote de los vegetales era un axioma que nadie ponía en duda. Todo lo que se puede decir al respecto, sin embargo, es que la Luna parece ejercer cierta influencia sobre las lluvias. Según Gauquelin, dos investigadores americanos, Bradley y Woodbury, después de examinar cincuenta años de archivos meteorológicos americanos, comprobaron que las grandes lluvias tienen lugar sobre todo en la mitad de la primera y de la tercera semanas del mes lunar y más particularmente entre el tercero y el quinto día después de luna llena y de luna nueva. Dos investigadores australianos, Aderley y Bowey, han verificado esos mismos resultados con respecto al hemisferio Sur (2).

Se empieza a disponer de un cierto número de hechos biológicos que denotan también la influencia de la Luna. Existe el caso archiconocido del «palolo», un gusano que se reproduce en ciertos momentos de las fases lunares, de lo cual están enterados los indígenas que se alimentan de los mismos. Entre los insectos, Hartland Rowe (3) y Mc Donald han observado también la presencia

(1) Hontgast y Van Sluiters: *Magnetism and the Cosmos* (Londres, Oliver and Boyd, 1967).
(2) Para más detalles, ver Gauquelin (M.): *Los relojes cósmicos.*
(3) *Revue de Zoologie et de Botanique, africaine* (1958).

de eclosiones ligadas a las fases de la Luna, lejos del mar y de sus mareas.

En la especie humana, Kirchhof (1) ha comprobado que los partos comienzan preferentemente en el momento del paso de la Luna por el meridiano, es decir, cuando se encuentra en su punto culminante en lo alto del cielo. En cuanto a la correlación entre el número de nacimientos y las distintas fases de la Luna, que ha sido sostenido por ciertos investigadores, también ha sido y es negado por otros investigadores y, por el momento, no se pueden hacer afirmaciones sobre una base segura.

En todo lo que se acaba de decir, repito que no hay pruebas que permitan confirmar las tesis de Gauquelin. Simplemente he querido demostrar que la influencia de los planetas sobre la Física, la Meteorología y la Biología terrestres no es inconcebible. Queda tratar de comprender por qué el momento del parto convendría mejor que cualquier otro momento para manifestar la influencia del Cosmos sobre el ser vivo.

DE CARA A LA ASTROLOGÍA TRADICIONAL

Decíamos al principio que Gauquelin es paradójicamente el blanco de ataques de dos campos opuestos. Por un lado le atacan los científicos que no han leído sus trabajos, pero a quienes el simple empleo de la palabra «planeta» les basta para consagrar como astrólogo a quien la usa, y por otro lado los astrólogos tradicionales cuya hostilidad proviene de una jugada imperdonable que les hizo Gauquelin y que contaré más adelante.

Lo cierto es que Gauquelin se planteó honestamente el interrogante de saber en qué medida sus hallazgos rechazaban o confirmaban las tesis astrológicas tradicionales. Es un hecho indudable que la Astrología no puede seguir siendo la misma antes y después de Gauquelin, y sus fanáticos seguramente serán los últimos en aceptar este hecho.

Citemos por última vez a Gauquelin:

(1) Kirchhof en *Zentrabl Gynäkologie*, 3, página 135, 1935.

En favor del hecho astrológico, existen en primer lugar la demostración del postulado fundamental, es decir, el papel representado por las influencias astrales en el momento del nacimiento. Además, el efecto planetario de herencia deja entrever una posible aplicación diagnóstica [...] Y sin duda hay más [...] el esbozo de una confirmación estadística del simbolismo astral en cuanto a Marte, a Júpiter, a Saturno y a la Luna.

En este momento, Gauquelin cita una frase absolutamente asombrosa de Kepler (1) (*Tertius interveniens*, 1610).

Otra cosa maravillosa es que la Naturaleza provoca igualmente una cierta correspondencia entre las constelaciones celestes de los parientes. Cuando una mujer tiene un hijo dentro y cuando el momento normal del nacimiento ha llegado, la Naturaleza elige un día y una hora que correspondan con respecto a los cielos, a la fecha de nacimiento de un hermano de la madre o del padre, y esto no es un hecho cualitativo, sino astronómico y cuantitativo.

¿No tenía yo razón al decir que los hombres de genio son unos visionarios? Ya podremos comprobar este aserto con Boscovich (2), aunque ya de antemano Kepler nos ha dado una prueba de las más sorprendentes.

Pero Gauquelin no ha vaciado su carcaj en el que hay todavía algunas flechas mortales para la Astrología tradicional. Si, en efecto, no se trata de otra cosa que de charlatanismo, a menudo (o casi siempre) inoperante y que no encierra ni un gramo de verdad, en el caso de la Astrología todo está muy lejos de ser tan sólido como los dos o tres puntos mencionados más arriba. Para empezar hay que indicar que «cinco astros son astrológicamente mudos»: el Sol, Mercurio, Urano, Neptuno y Plutón. La influencia del Sol, que ya hemos registrado, no le debe nada al tradicional simbolismo del astro. Mercurio, a su vez, no es dominante entre los escritores.

Venus no es el planeta de los artistas, ni Urano es el de los aviadores o el de los revolucionarios, ni Neptuno el de los sueños

(1) Kepler: *Tertius interveniens*, 1610.
(2) Ver *infra*, página 237.

y el del misticismo. La teoría astrológica de las «Casas» no puede mantenerse de pie. Y, sobre todo, ¡horror!, los signos del Zodíaco no ejercen ninguna influencia. ¿Cómo quieren ustedes que después de todo esto los astrólogos tengan a Gauquelin en el corazón?

LA ACOGIDA DE LA «CIENCIA»

La Ciencia ha acogido muy mal todo esto, como era de suponer. Gauquelin, con una mezcla de amargura y de humor, ha narrado lo que le ha ocurrido. En principio, tropezó con Couderc, pontífice de la astronomía parisiense y a quien la simple mención de la Astrología (iba a decir de los planetas) ya ponía enfermo. Por ejemplo, ofreció poner en contacto a los astrólogos, cuando ellos quisieran con una cierta sociedad americana encargada del estudio científico de las leyes astrológicas o con un Comité belga cuyos objetivos eran más o menos los mismos. El ingenuo Gauquelin, deslumbrado por el ofrecimiento, envió sus primeros trabajos a Couderc en 1955 y aún sigue esperando noticias suyas. En cuanto a la Comisión científica americana, digamos que le hizo esperar cinco años una respuesta. Su ex presidente, B. J. Bok, hizo saber a Gauquelin que la sociedad que mencionaba en su carta había dejado de existir y que él mismo, después de tanto tiempo, había perdido todo tipo de contacto con la misma. El Comité belga, en cambio, existía, y el astrónomo S. Arend, uno de sus miembros, se negó a examinar los trabajos de Gauquelin porque consideraba que escribir un libro sobre la influencia de los planetas era un trabajo inútil, ya que los planetas no pueden tener ninguna influencia... Esto me hace recordar a Laplace y los aerolitos, esas piedras que no pueden caer del cielo, puesto que en el cielo no hay piedras.

Pero Gauquelin es testarudo y acabó, en 1956, por hacer que su trabajo fuera leído por Jean Porte, administrador del «Instituto Nacional de Estadística» y de los «Estudios demográficos». Porte, al principio, no estuvo de acuerdo, pero esto es lo de menos. Por otra parte, Couderc le había escrito:

Sigo pensando que M. Gauquelin merece una respuesta tan violenta y pertinente como delirantes son sus apuntes. Sin embargo, es necesario liquidar el asunto de un solo golpe y, por lo tanto, actuar todos en conjunto. Creo, por ejemplo, que el Comité en el cual M. Arend ocupa un lugar podría publicar esta respuesta en el momento en que estuviera puesta a punto por usted, por Arend y por mí. (Carta del 26 de enero de 1956.)

Pero he aquí que Jean Porte tuvo poco después el mal gusto de encontrar que los cálculos de Gauquelin eran exactos y además de decirlo.

¿Cuál fue la reacción de Couderc? Hacer como si no hubiera ocurrido nada. Naturalmente, Gauquelin no dejó de enviarle su libro, *Métodos para estudiar la distribución de los astros en el movimiento diurno* (1957), con un prólogo de Jean Porte. Pero en 1967 (once años después), Couderc contestó de este modo a una petición de informes:

Los resultados de M. Gauquelin no tienen más valor que los otros. Después de quince años (aunque antes él había intentado convencerme) he leído lo que ha publicado. Sus métodos son confusos y ningún científico digno de este nombre sería capaz de darles su apoyo (aunque entusiasma a los literatos). Sus resultados están desprovistos de toda credibilidad.

Todo esto no es muy amable para Jean Porte.

La misma actitud fue adoptada por un jesuita muy conocido en los ambientes parisienses, el padre François Russo, que en *Les Études*, de marzo de 1956, rechaza las conclusiones del primer libro de Gauquelin, porque, según decía, «uno de nuestros mejores estadísticos actuales, M. Porte, pone en duda dichas pruebas», lo cual era rigurosamente exacto en aquel momento. Solamente en 1960, después de varios años, Porte reconoció la exactitud de los cálculos de Gauquelin, que envió a Russo una obra en la cual el cambio de actitud de Porte es evidente. Silencio del jesuita. Finalmente, Gauquelin pudo obtener, en 1962, una tarjeta sin firma escrita por el secretario del padre Russo, que decía:

El padre Russo no ha tenido la posibilidad de hacer un informe del libro de usted en Les Études, *prefiriendo callarse antes que decir que no está de acuerdo con las conclusiones de usted.*

HISTORIA DEL COMITÉ BELGA

En 1961, después de una renovación del Comité, se reanudaron los contactos con Gauquelin, que es invitado a ir a Bruselas para presentar sus conclusiones ante el «Comité belga para la investigación científica de los fenómenos reputados como paranormales» (¡Uf!). Y en 1962, el estadístico delegado escribe a Gauquelin, diciéndole que se ha encargado de comprobar personalmente sus resultados y no ha encontrado nada que pueda ser objetado desde un punto de vista científico. De todos modos, el Comité señala que no está convencido, puesto que Gauquelin, consciente o inconscientemente, había seleccionado los datos obtenidos. Sería necesario volver a empezar, partiendo de una nueva acumulación de nacimientos, lo cual es una exigencia de las más razonables. Pero, por razones materiales, no fue posible realizar esta empresa hasta 1967. El profesor De Marré, de Amberes, obtuvo autorización para consultar los registros de nacimientos y luego ofreció sus servicios a los miembros del Comité para la investigación, etc. De acuerdo con Gauquelin, y siguiendo un método de los más corteses, se decidió trabajar sobre los campeones del deporte. (Véase figura 12, fuera de texto.)

El 22 de octubre —dijo Gauquelin— *el Comité me envió el* listing *de los resultados tal como habían salido del ordenador. Los nuevos nacimientos de 535 campeones confirmaron mis observaciones con una nitidez que no deja lugar a dudas sobre el plan estadístico.*

El Comité, sorprendido (y disgustado) decidió comprobar y si fuera posible demoler unos resultados tan inesperados. Nada más normal ni más de acuerdo con el sano método científico. Entonces se produjo una discusión bastante confusa. Pero, de todos modos, se llevó a cabo en una atmósfera de gran corrección. Finalmente, en 1970, ya era inevitable convenir que las pruebas y las contrapruebas confirmaban que los resultados gauquelinescos eran fundados.

La objetividad indicaba que entonces debían publicarse las conclusiones a las que se había llegado. ¡Pero no! ¡Siempre no! Yo le pedí a Chauvin que escribiera al profesor Koenigsfeld, que es el presidente del Comité belga. He aquí los extractos esenciales de su respuesta:

Hemos comprobado, en efecto, los cálculos de Monsieur Gauquelin y estamos de acuerdo con los mismos. Pero en lo que no estamos de acuerdo es en las conclusiones, que no podemos admitir...

Prof. L. Koenigsfeld
Presidente del Comité
Rue de l'État-Tiers, n.° 17
B-4000-Lieja

Va a hacer cuatro años que los cálculos se van arrastrando. Si quieren ustedes saber mi opinión, les diré que Gauquelin no está cerca de ver la publicación...

¿ES GAUQUELIN UN ASTRÓLOGO?

Esto es lo que muchos tienen el descaro de pretender, sin haber leído nunca sus trabajos, repito. Y, sin embargo, existe la historia hilarante del Ordinastral: un ingeniero, que a la vez es un buen comerciante, había tenido la idea de vender al público unos horóscopos fabricados por una computadora IBM, que contenían unos datos mucho más precisos que los de los horóscopos habituales (es el vendedor quien habla). También el astuto Gauquelin se las ingenió para comunicar a Ordinastral las fechas y las horas de nacimiento de diez criminales célebres, muchos de los cuales, además, habían terminado sus vidas en el patíbulo. El resultado de la experiencia es regocijante o catastrófico, según las condiciones de cada cual. Tomemos, por ejemplo, el caso del satánico doctor Petiot que asesinó a más de veintisiete personas con el objeto de robarlas. He aquí su Ordinastral:

A título de jupiteriano de Virgo, en él se unifican el calor o la fuerza del instinto y los recursos de la razón, de la lucidez o del espíritu. Su carácter adaptable y asimilable desemboca en el don de gentes y en la eficacia, pudiendo su dinamismo apoyarse en una tendencia al orden, al control y a la mesura [...] *Puede presentarse bajo las trazas de una naturaleza bien insertada en las normas de la sociedad, enamorado de la decencia y provisto de un sentido moral confortable, burgués bienpensante, ciudadano digno, etc. Este ente venusino está bañado por una sensibilidad oceánica de difusión infinita, estremecida de amor universal* [...], *sentimientos más o menos teñidos de novelería, de rareza, de misterio, de magia o de misticismo, pero que generalmente desembocan en la entrega desinteresada, en el amor salvador o en el sacrificio redentor* [...] *Tendencia a encontrarse a gusto largamente al estar en el hogar, a amar el interior de su casa, etc.*

Petiot fue condenado a muerte en marzo de 1946. Su horóscopo de aquel año nos decía, para el mes de marzo:

El sujeto tiende a actuar plenamente según su estructura venusina. Su vida sensible ocupa el centro del escenario, sus afectos, sus vínculos familiares, su casa, su vida íntima...

¡Y todo el resto es del mismo orden!

Gauquelin decidió llevar la broma aún más lejos. Con este objeto creó «Astral Electronic», una casa ficticia que enviaba a sus numerosos clientes, atraídos por pequeños anuncios, exactamente el mismo horóscopo. ¿Qué ocurrió entonces? Atiendan ustedes: todo el mundo se mostró plenamente satisfecho y se reconoció por completo en el horóscopo. Ahora bien, se trataba justamente del horóscopo del doctor Petiot, realizado por Ordinastral.

Sé muy bien que estas bromas no hicieron ninguna gracia a los defensores empedernidos de la Astrología. Pero seguramente todos ellos estarán de acuerdo conmigo en que Gauquelin no pertenece seguramente a la casta de los astrólogos. Sin embargo, esto es lo que se sigue pretendiendo en ciertos laboratorios...

ANEXOS

TRES HOMBRES DE CIENCIA APOYAN A GAUQUELIN

Extracto del prefacio de Jean Porte al libro de F. y M. Gauquelin. Méthode pour étudier la répartition des astres dans le mouvement diurne (París, 1957).

En efecto, en su libro ya citado, M. Gauquelin, después de haber «arreglado las cuentas» a un buen número de afirmaciones de la astrología tradicional («científica» o no), ha creído poder afirmar, sobre la base de datos empíricos, la realidad de ciertas «influencias de los astros». Aunque no tienen una ligazón directa con la astrología tradicional y están apartadas de las consideraciones más o menos místicas en las cuales se complacen los astrólogos, igualmente las conclusiones de M. Gauquelin participan del mismo carácter de «absurdidad» de la astrología tradicional. Ahora bien, se trata de un caso en el que el cálculo de «qué ocurriría si el azar se moviera solo» es particularmente delicado —de donde proviene la cortés polémica que me ha enfrentado, durante un tiempo, a M. Gauquelin— y de donde proviene también el presente trabajo de M. y F. Gauquelin, que tiene por objetivo efectuar el cálculo de lo que pasaría si el azar obrara solo, en estos casos y en casos análogos.

Por lo menos es necesario reconocerles un mérito a M. y F. Gauquelin. No han retrocedido frente a las dificultades. Los cálculos que han emprendido son intrínsecamente difíciles. Ponen en juego conocimientos astronómicos y demográficos diversos, exigen un gran conocimiento de los principios del cálculo de probabilidades y no pueden desembocar en resultados prácticos sino mediante el empleo de métodos de aproximación de manejo muy delicado. (Todas éstas son ocasiones propicias para cometer errores de método. Yo he buscado tales errores en la presente obra y no los he encontrado.) En cuanto a los propios resultados numéricos, los que deseen comprobarlos pueden hacerlo aplicando los métodos expuestos en el texto: he aquí la finalidad de la obra.

Jean Porte, administrador del Instituto Nacional de Estadística y de Estudios Económicos, París, 21 de octubre de 1957.

Extracto del prólogo del profesor G. Piccardi a la obra de M. Gauquelin, La hérédité planetaire *(Planète, 1966).*

Hace pocos años no se tenía ni idea de lo que se sabe hoy. El progreso científico marcha a una velocidad siempre creciente y tan de prisa que da muy poco tiempo para cambiar de opinión respecto a algunas ideas que hasta ayer mismo eran tenidas por fundamentales.

Actualmente se sabe todo lo necesario para comprender, desde un punto de vista general, lo que ha escrito Gauquelin. Hace quince años no existían estos conocimientos.

Antaño, el espacio extraplanetario estaba considerado como un esespacio abstracto, casi geométrico, vacío, frío, inerte. Entre los cuerpos celestes no se movía ninguna fuerza porque no existía gravitación. La luz atravesaba el espacio sin calentarlo. Este espacio no podía ejercer ninguna acción sobre la Tierra y sobre los seres vivos. ¿Cómo podría ejercerla si estaba hecha de nada? Todo era inmutable. La radiación solar era una constante, el magnetismo una constante, la gravitación una constante. En la Tierra, aparte de las mareas, no se producía nada que pudiera atribuirse al espacio. Los planetas y los demás cuerpos celestes parecían muy lejanos para poder alcanzarnos de la manera que fuera.

No, quince años atrás, hablar de un efecto planetario de herencia verdaderamente hubiera estado desprovisto de sentido, hubiera sido superfluo, peligroso, inútil y estúpido.

Afortunadamente, he vivido lo bastante como para ver cambiar aquel estado de cosas. Cuando menos se lo esperaba, los hombres de ciencia han llenado el espacio de materia y de energía. Hoy en día, el espacio tiene una fisonomía muy distinta a la de antes. Por otra parte, esto era algo que debía llegar. La idea de un vacío frío e inerte contrastaba demasiado con nuestras observaciones terrestres, con nuestros datos empíricos, con la sabiduría popular.

Los hechos que Gauquelin nos presenta serían condenables, según la ciencia tradicional, porque un efecto planetario forzosamente debe ser considerado como un residuo de la Edad Media. Sin embargo, dichos hechos han sido examinados en muchas ocasiones por investigadores calificados y nadie ha podido demostrar que los mismos no existan, que sean ilusorios, que dependan de un tratamiento matemático defectuoso o que las estadísticas no hayan sido conducidas según las reglas más ortodoxas. Si se hubiera de creer a todos los que los han controlado, esos hechos resisten a todas las pruebas y son irrefutables, a pesar de la decepción que esta aseveración pueda causar a todos aquellos que no querrían que tales fenómenos existieran.

Es justamente porque estos fenómenos tantas veces estudiados han dado prueba de existir por lo que yo puedo, con toda tranquilidad, escribir este prefacio al libro de Gauquelin, intentando poner los hechos de Gauquelin en relación con otros fenómenos conocidos, para probar una revisión general de nuestras ideas respecto a las investigaciones científicas modernas.

El estudio de los fenómenos fluctuantes nos revela que el Universo está presente en cada punto del espacio y que todo lo que sucede en un punto depende del resto del Universo. No podemos dejar de contar con esa red de conexiones que une a todas las cosas de este mundo.

No es sorprendente, por lo tanto, que estudiando más minuciosamente que como se lo había hecho hasta la fecha y con métodos científicos rigurosos, todo lo relacionado con los efectos planetarios, Gauquelin haya descubierto una nueva relación entre el hombre y el Universo. Esta comprobación es extremadamente importante desde el punto de vista general, toda vez que confirma la exactitud y la riqueza de las nuevas ideas que propone el estudio de los fenómenos fluctuantes. Pero puede uno preguntarse si no existe el efecto planetario de herencia. Respondo a esto diciendo que la ausencia inexplicable de una relación que no debía dejar de existir debería ser una verdadera rareza de la Naturaleza.

Gauquelin ha tenido el mérito de fijar su atención sobre el efecto planetario de herencia, a pesar de los graves inconvenientes que ha debido acarrearle esa postura por estar enfrentada a todas las ideas admitidas en la actualidad. Ha demostrado que la influencia de los planetas sobre nuestra vida no es diferente, en principio, a la influencia que pudiera tener cualquier otra variable especial. Los resultados positivos que ha obtenido no son solamente valiosos por sí mismos; también poseen una importancia general. Su estudio supera los límites de la especialización estadística o los de los mecanismos de la herencia y se sitúa entre las grandes ideas que proceden del estudio de las relaciones entre el hombre y el Universo.

Debemos regocijarnos por que un nuevo anillo de la cadena de los conocimientos viene a ligar más estrechamente nuestra vida con el todo. Nosotros estamos en el Universo y el Universo está en nosotros. La vida es la hija del Cosmos.

Profesor G. Picardi, director del Instituto de Químico-física de la Universidad de Florencia, 20 de junio de 1965.

Extracto del prólogo del profesor F. A. Brown al libro de Michel Gauquelin, Los relojes cósmicos *(Denoël, 1970 *)*

Es normal que busquemos raíces cósmicas al hombre. Cuando miramos más adelante y vemos que animales tan diversos como los insectos, los crustáceos, los peces y las aves se comportan según indicaciones cósmicas, encontramos también allí una relación cósmica antigua. Todas esas criaturas tienen un origen común que probablemente se remonta a más de un millón de años. En aquella época arcaica, los ojos de las criaturas se volvían ya hacia el cielo para que les ayudara a satisfacer las necesidades que les imponía la vida en la Tierra. Por lo menos esa tendencia ya existía en potencia, pronta a expandirse. Los lazos que unían a nuestros precursores animales con el cielo eran estrechos y sus raíces eran profundas. Cuando se desarrolló el cerebro y nació el pensamiento, no es difícil comprender por qué el hombre se imaginó encontrar respuestas eficaces a sus problemas en la mera contemplación de la bóveda celeste.

Un nuevo dominio de la ciencia, que lanza un desafío a la ciencia misma, aparece hoy en escena. El conjunto de las criaturas terrestres, las plantas, los animales, el hombre mismo, es influido por modulaciones cósmicas casi impalpables. El hombre se encuentra inextricable-

(*) Publicada también por Plaza & Janés en esta colección «Otros Mundos».

mente ligado al resto del Universo, no sólo por intermedio de los instrumentos que él mismo ha inventado, si no también gracias a la asombrosa sensibilidad de su propia sustancia. Michel Gauquelin nos describe esa nueva ciencia sin olvidar su remoto pasado. Sólo podía escribir una síntesis semejante quien hubiera consagrado muchos años al estudio y a la meditación crítica de este problema; sólo podría escribirla alguien a quien las propias investigaciones sugirieran la existencia de unas relaciones cósmicas que alcanzaron al hombre mismo, relaciones que inspiran terror a algunos, pero que son, seguramente, las más apasionantes y las más importantes con las que se enfrenta el pensamiento científico moderno.

Frank A. Brown Jr. Morrison. Profesor de Biología de la Universidad de Evanston (Estados Unidos)
7 de junio de 1967.

SÍNTESIS DE LAS INVESTIGACIONES DE GAUQUELIN SOBRE EL EFECTO PLANETARIO

La serie de volúmenes que hemos publicado bajo la égida del Laboratorio de Estudio de las Relaciones entre los Fenómenos Cósmicos y Psicofisiológicos proporciona el conjunto de coordenadas natales y planetarias que hemos reunido desde 1949. El objetivo de esta publicación es doble: en principio, probar la existencia de datos sobre los cuales reposan los balances estadísticos publicados desde 1955 en obras y artículos nuestros y en segundo lugar ofrecer al investigador todos los elementos necesarios para controlar nuestras experiencias y para proseguir las experiencias que puedan interesarle personalmente. En un anexo a nuestro primer libro se publicaba la lista que le había servido de base. Pero después de 15 años de su aparición el número de observaciones no ha dejado de aumentar. La necesidad de ofrecer al investigador científico la totalidad de nuestras observaciones realizadas a lo largo de 20 años se hizo sentir.

La publicación se divide en dos series de volúmenes. La primera trata de las coordenadas natales de notabilidades profesionales y de las posiciones planetarias y geomagnéticas correspondientes y la segunda emprende comparaciones entre coordenadas natales cósmicas de padres e hijos. Nos gustaría recordar cómo y por qué fueron constituidos en esas dos series los conjuntos experimentales.

Factores cósmicos y notabilidades profesionales. Iniciada en 1949 una investigación sobre millares de notabilidades profesionales, ha permitido observar la existencia de una relación estadística entre la hora de nacimiento en el día y ciertos factores del ambiente cósmico. Se leerán todos los detalles sobre la metodología de nuestra investigación, los resultados y la interpretación estadística de nuestras comunicaciones a congresos científicos y en muchas de nuestras publicaciones.

(1) Introducción a los 12 volúmenes de datos natales y planetarios publicados por M. y F. Gauquelin (Laboratorio de Estudios de las Relaciones entre Ritmos Cósmicos y Psicofisiológicos. (París, 1970-71.)

Resumimos aquí lo esencial de nuestras observaciones. El efecto constatado está en relación con el movimiento diurno de los cuerpos celestes: la posición de la Luna y de los tres planetas superiores más cercanos a la Tierra, es decir, Marte, Júpiter y Saturno, presentan, a la hora del nacimiento de las notabilidades profesionales, una distribución que se aparta de manera significativa de la que se obtuvo constituyendo grupos de individuos cualesquiera examinados a título de contraprueba. En particular, los niños destinados a hacerse más adelante un nombre en una actividad profesional determinada, tienen tendencia a nacer cuando uno u otro de esos astros acaba de salir o de pasar por su culminación superior en el curso de su movimiento diurno (y en un grado menor cuando el astro acaba de ponerse o de pasar por su culminación inferior).

Los grupos profesionales estudiados corresponden a grandes categorías de actividades humanas (ciencia, arte, literatura, política, guerra, deportes, etc.). La correlación estadística varía en función del grupo estudiado y del planeta examinado. Para un mismo grupo, los resultados se repitieron con constancia a través de las distintas experiencias, realizadas primero en Francia y luego en el extranjero (Italia, Alemania, Bélgica y Holanda). Las conclusiones de este trabajo han sido sometidas a numerosos hombres de ciencia. No les ha sido posible descubrir, hasta la fecha, un artefacto oculto que explicara los efectos observados de modo diverso que por la intervención de un factor exógeno. Son los datos de nacimiento y las posiciones planetarias correspondientes de dichos grupos lo que constituye la materia de nuestra primera serie de volúmenes: más de 15.000 nacimientos, los más significativos, serán publicados (serie A).

Efecto planetario y temperamento psicobiológico. Para intentar comprender las anomalías estadísticas observadas, empezamos a suponer, desde 1955, que serían una expresión de ciertas disposiciones de carácter y de temperamento de los individuos estudiados. Una investigación en profundidad, referente a muchos miles de personas que formaban parte de los grupos profesionales estudiados precedentemente, también fue emprendida. Se comprobó que, aun siendo insuficientes para describir el carácter en su totalidad, los factores estadísticos observados parecían reflejar en una cierta medida una tipología de los temperamentos. Para la definición y la descripción de esos supuestos tipos se recurrió al método de correlaciones y al análisis factorial que están actualmente en estudio. Esta importante encuesta biográfica en curso justifica igualmente la publicación de nuestros datos de nacimiento. En efecto, se podrá en el futuro hacer constante referencia, en lo que concierne a los sujetos cuyas biografías hemos estudiado, a estos volúmenes que aportan sus datos de nacimiento y las posiciones planetarias correspondientes.

Hipótesis de una sensibilidad genética de factores cósmicos. Según los caracterólogos modernos, existe una base hereditaria de predisposiciones temperamentales y de carácter. En 1959 se formuló la hipótesis de que los efectos estadísticos observados podrían ser la consecuencia de una sensibilidad específica, hereditaria, del organismo humano a las variaciones de factores exógenos al momento del nacimiento. Estos niveles variables de sensibilidad a los factores exógenos han sido comprobados tanto entre los hombres como entre los animales. En el momento de venir al mundo, el ser humano manifestará una sensibilidad específica, según el temperamento que ha heredado de sus padres. Tal o cual factor del ambiente tenderá a provocar el nacimiento a una hora más que a otra. El estado de los factores exógenos al nacimiento sería, por lo tanto, una expresión del temperamento hereditario. Esta hipótesis ha sido formulada gracias al método estadístico. Se ha investigado si aparecen similitudes hereditarias entre padres e hijos, relacionadas con la posición diurna de la Luna y de los planetas próximos.

El efecto planetario de herencia. Entre 1959 y 1965, una investigación estadística realizada sobre muchas decenas de miles de partos ha permitido observar, de conformidad con nuestra hipótesis, una disposición hereditaria de los niños respecto a venir al mundo bajo ciertas condiciones que habían presidido también el nacimiento de alguno de sus padres. Los astros del sistema solar más cercanos a la Tierra, o los de mayor volumen, la Luna, Venus, Marte, Júpiter y Saturno, ocupan, en el momento del nacimiento de los niños, unas posiciones análogas a las que ocupaban cuando el nacimiento de los padres. En particular, los niños tienen tendencia a nacer cuando uno y otro de esos astros sale o culmina, si el mismo astro se encontraba en las mismas regiones del cielo cuando el nacimiento de sus padres, y en un grado algo menor si el astro se oculta o pasa por el meridiano inferior. Se ha propuesto llamar a este fenómeno el efecto planetario de herencia. Todos los detalles sobre la metodología y los resultados enumerados de estas experiencias, se encuentran en muchas de nuestras publicaciones. Señalemos, de todos modos, que el efecto no puede ser puesto en evidencia si el parto no se ha producido de una manera normal. Por otra parte, se observa que la correlación estadística decrece en función de la distancia de los planetas a la Tierra. Es muy marcada respecto a la Luna, a Venus y Marte, ya menos notaria en relación a Júpiter y Saturno e imposible de ser evidenciada para los planetas más lejanos, Urano, Neptuno y Plutón. El efecto también desaparece por completo respecto a Mercurio, el planeta más pequeño del sistema solar. Este efecto distancia/masa, parece indicar claramente la intervención de un fenómeno físico.

Son los datos de nacimiento correspondientes a las comparaciones planetarias entre padres e hijos los que constituyen la materia de nuestra segunda serie de volúmenes (Serie B).

Actividad solar y efecto planetario. Habiendo remitido los efectos estadísticos procedentes a un problema de sensibilidad genética respecto a factores del ambiente, se ha intentado establecer una relación entre la actividad solar y el efecto planetario. Una de las medidas más fieles del papel que ejerce sobre la Tierra la diaria actividad solar es la estimación de la agitación geomagnética. Volviendo a tomar los datos de nacimiento, hemos comparado día a día el efecto planetario de herencia con la agitación geomagnética. El resultado de estas observaciones pudo ser comunicado a partir de 1966. La agitación magnética (medida por la característica magnética internacional C), aparece en relación con el efecto planetario de herencia. En particular, el número de similitudes hereditarias es dos veces más elevado si el niño ha nacido en un día perturbado (C_i superior o igual a 1,0) que si ha nacido por el contrario, en un día calmo (C_i inferior a +1,0). La comparación del efecto planetario, igualmente día a día, con el número relativo de las manchas solares R, hizo aparecer también un aumento del efecto cuando R aumenta. Pero este aumento es más débil en amplitud que con el C_i. El papel significativo jugado por el valor de la característica magnética C_i nos ha incitado a publicar esto en relación con cada una de nuestras fechas de nacimiento.

El hecho de que el efecto planetario parece ligado a la actividad geomagnética, incita a pensar que la Luna y los planetas próximos o de gran masa serían susceptibles de provocar un efecto de perturbación en el campo solar. Por lo tanto, este efecto sería más vivamente experimentado por el niño durante la crisis del nacimiento cuanto más fuertes fueran las consecuencias de la actividad solar sobre nuestro planeta. La naturaleza de estas perturbaciones eventuales y su repercusión biológica específica siguen siendo desconocidas. Sin embargo, observaciones recientes debidas a la astrofísica, por una parte, y a la medicina obstétrica, por otra parte, podrían constituir los primeros eslabones de una posible explicación.

CONCLUSIONES

Los efectos particulares observados se presentan, a nuestro entender, como un caso particular dentro del estudio de las relaciones entre factores solares y terrestres en biología, puesto que en este caso la herencia y el ambiente cósmico están ligados. En el momento de su nacimiento, los individuos de la especie humana responderían al entorno cósmico según una sensibilidad propia que habrían heredado de sus padres. En el hombre, parecen existir distintos tipos de sensibilidad respecto a un idéntico entorno cósmico. Estos diversos tipos de sensibilidad corresponderían más adelante, durante la vida, a distintos comportamientos biológicos y psicológicos definidos de los que surgen los efectos estadísticos referentes a las notabilidades profesionales. El efecto planetario parece presentarse como una manifestación desconocida de una cierta clasificación de los tipos psicológicos. Nuestras investigaciones desembocan, por lo tanto, en una tipología de origen hereditario que reacciona ante los factores cósmicos del ambiente.

MICHEL y FRANÇOISE GAUQUELIN
(París, 1949-1969).

VELIKOVSKY O EL PELIGRO DE TENER RAZÓN

El lector ya ha podido convencerse que lo raro, lo desconocido, lo-nuevo-que-no-se-parece-a-lo-viejo no son, después de todo, cosas tan fuera de lo común, puesto que algunos investigadores aislados las sacan a la luz casi a diario, desde que decidieron interesarse por el tema. Se preguntarán que por qué no se efectúan más investigaciones en este sentido. Muy sencillo: porque es peligroso. Los pontífices no perdonan en absoluto a los que se apartan de los senderos trillados. O si no, tienen que ocupar una posición muy oficial, como Pasteur, que fue colmado de insultos, pero, aparte de esto, no se le pudo hacer otra cosa. Mientras que a otros... A veces me pregunto cuál será el porcentaje de descubrimientos sensacionales, muy adelantados a su tiempo, cuyos inventores, ferozmente combatidos, los han abandonado. Mis cuarenta años de laboratorio me llevan a pensar que deben de ser muchos.

LAS CATÁSTROFES TERRESTRES

Veamos un ejemplo particularmente desconcertante que se remonta a veinte años atrás. Resumiendo digamos que el doctor Velikovsky, que tenía una cultura médica, histórica y lingüística reconocida por todos, se sintió impresionado por las catástrofes cósmicas que refieren los anales de todas las religiones, sin excepción. Tuvo la idea de hacer un paralelo entre las mismas y de hacer concordar las fechas en la medida de lo posible. Y he aquí lo que encontró.

Entre los siglos XV y VIII antes de Jesucristo, la Tierra sufrió una serie de catástrofes que la afectaron en toda su extensión. Diluvios de fuego, maremotos, hundimientos de montañas, nacimientos bruscos de volcanes, no faltó nada. Desaparecieron razas de animales, igual que civilizaciones humanas enteras, sin dejar rastro. Los polos bascularon. El hielo se fundió bruscamente sobre vastas extensiones y, con una rapidez similar, invadió otros lugares que hasta entonces habían sido templados. Todo esto no sólo lo relata el Antiguo Testamento, sino también los Vedas, la mitología griega y romana, sin olvidar los Anales mexicanos. Hasta este punto preciso no podemos, a mi juicio, hacer otra cosa que seguir a Velikovsky. Que los libros sagrados hablan todos de antiguas catástrofes es un hecho incontrovertible. Siempre se puede, es verdad, alegar que estas catástrofes no existieron más que en la imaginación de los autores de dichos libros. Pero ¿se les puede haber ocurrido a todos a la vez? ¿Y siempre refiriéndose a un mismo período?

Según Velikovsky, estas catástrofes fueron causadas por la aproximación de un astro que rozó la Tierra, y este planeta venía del sistema solar. El enorme cometa que debía convertirse en Venus y que probablemente se desprendió de Júpiter, golpeó a Marte, que fue desviado de su órbita aproximándose a la Tierra hasta rozarla, alrededor del año 687 antes de Jesucristo. Estos acercamientos catastróficos se sucedieron en muchas ocasiones, hasta la regularización de las órbitas. La catástrofe fue tan lejos que una vez la Tierra se inclinó completamente, hasta el punto de que el Sol salió por el occidente y se ocultó por el oriente. El año, que era de 360 días, pasó a tener 365 días 1/4 en el año 687 antes de Jesucristo. La órbita de la Luna y la duración de los meses también cambiaron. Veliskovsky agregaría más tarde que era inevitable sacar las siguientes conclusiones: 1) que Venus es muy caliente, señal de su reciente nacimiento; 2) que su rotación es anormal, prueba de que su nacimiento difiere del nacimiento de los demás planetas, y 3) que debe estar rodeado de masas espesas de hidrocarburos.

Ciertos lectores se sentirán horrorizados ante estas enormidades. Antes de seguir avanzando y examinar en detalle los argumentos de Velikovsky, distingamos algunos puntos.

1) ¿Los antiguos relatan unánimemente la tradición de catástrofes espantosas? Sí, ya lo hemos visto y además yo pondré otros ejemplos.

2) ¿Existen en la Tierra huellas de estas catástrofes? Sí, son numerosas en estado fósil. Ejemplos: los mamuts (1) congelados bruscamente en Siberia con el vientre lleno de hierba. Estaban, por lo tanto, comiendo. Los lechos de huesos *(Bone beds)* de peces de agua dulce muertos en masa y bruscamente por la irrupción de aguas marinas. Ciertas islas del litoral ártico (Nueva Siberia) donde el suelo está, por así decirlo, remplazado por un conglomerado de huesos de diversos vertebrados más o menos aplastados y que no pueden haber sido llevados hasta aquel lugar salvo por un maremoto gigantesco.

3) Existen indicios del desplazamiento de la órbita de los planetas imaginado por Velikovsky? No, y es difícil que podamos obtener alguno. Pero, teóricamente al menos, son muchas las cosas que pueden ocurrirle a un planeta y nadie excluye, en teoría, que la Tierra pudo haber sido rozada por un cometa de gran tamaño. Asimismo, más allá de la órbita de Marte hay un conglomerado de meteoritos que, según muchos astrónomos, provendrían de un planeta que estalló. ¡Y, diablos!, para que estalle un planeta hacen falta reacciones tan vigorosas que las catástrofes de Velikovsky no son, en comparación, más que leves papirotazos.

4) Para precisar aún más, ¿las antiguas tradiciones hablan de Venus y de Marte de una manera particular? Sí, y además atribuyen a esos dos planetas, especialmente a Venus, unas características que evidentemente no poseen en nuestra época. (Por ejemplo, los indios llaman a Venus «el planeta que fuma» y otros le atribuían una cola, como si fuera un cometa).

¿QUIÉN ERA VELIKOVSKY?

Todo esto no quiere decir que todas las tesis de Velikovsky puedan ser comprobadas por esas verificaciones, lejos estamos

(1) Ver, en el anexo a este capítulo, los detalles de la historia de los mamuts siberianos.

de ese propósito. Sin embargo, los datos mencionados significan que hay gato encerrado y que probablemente Velikovsky no está equivocado en todos los puntos de sus tesis. Pero antes de seguir adelante, ¿quién era Velikovsky? ¿Su cultura científica era suficiente para otorgar a sus tesis un examen más serio? Velikovsky nació en Vitebsk en 1895 y en principio estudió en Moscú, en el gimnasio Medvenikov, con resultados brillantes. Vivió algún tiempo en Montpellier, viajó a Palestina y comenzó sus estudios médicos en Edimburgo en 1914. La guerra interrumpió estos estudios y Velikosky pasó unos años en Moscú estudiando Derecho e Historia antigua. Entretanto, reanudó sus estudios médicos en 1915 en Moscú, donde recibió su diploma de doctor en Medicina en 1921. Siguió viviendo todavía varios años en Moscú, donde fundó con Loewe, los *Scripta Universitatis* destinados a agrupar los trabajos de los hombres de ciencia judíos en todos los dominios. Einstein se ocupaba de la parte fisicomatemática del periódico. El doctor Velikovsky se casó en Berlín con la violinista Elisheva Kramer, y la joven pareja se instaló en Palestina, donde Velikovsky ejerció la Medicina durante quince años. Rápidamente se especializa en Psiquiatría y en Psicoanálisis y publica algunas cosas, principalmente sobre psicología. Una de sus obras prologada por el famoso Bleuler (1), sugiere por primera vez que en los encefalogramas patológicos podrían hallarse caracteres de la epilepsia y más tarde, en efecto, estos caracteres fueron descubiertos. Fundó los *Scripta Academica* con la colaboración del famoso químico y hombre de Estado Chaim Weizman (2). Decidió entonces escapar a la tiranía de la práctica médica a fin de disponer de tiempo para escribir un libro. Partió con su mujer y sus dos hijas a Nueva York, en 1939. En principio, quería proceder a un análisis de los sueños de Freud, según se desprende de sus escritos, y redactar una biografía comparada de Edipo, Moisés y Akenatón, tres personajes por los cuales Freud se interesaba particularmente. Y fue al cabo de un año cuando sus investigaciones dieron un vuelco muy inesperado que debería hacerle famoso y ocasionarle muchos contratiempos.

(1) Eugen Bleuler (1857-1939), médico suizo. Fue director del hospital psiquiátrico de Zurich, el Burghözli, y se especializó en el estudio de la demencia precoz, a la cual sustituyó el nombre de esquizofrenia.

(2) Primer presidente, en 1949, de la República de Isra

REVISIÓN DE LA HISTORIA EGIPCIA

Reflexionando sobre la vida de Moisés, Velikovsky se preguntó de repente si las plagas de Egipto y los acontecimientos milagrosos, de los cuales está lleno el *Éxodo,* no procederían verdaderamente más que de la imaginación oriental. Plantear semejante pregunta ya era un sacrilegio a los ojos de los racionalistas obtusos, y lo era tanto en 1940 como puede serlo en la actualidad. Sin embargo, para quien lee el *Éxodo* sin prejuicios, la impresión de que se trata de unos acontecimientos realmente vividos, con detalles curiosos que no suelen inventarse, es una impresión difícil de rechazar.

Sólo que, ¿existen indicios de estos acontecimientos en la historia egipcia? Parecía que no. Pero Velikovsky logró exhumar de la biblioteca de la Universidad de Leiden un papiro que había quedado olvidado desde 1828. Un tal Ipuwer deploraba en él la decadencia del Estado y del orden social y las calamidades naturales que herían a Egipto al mismo tiempo. Y como hablaba de los hicsos, los invasores asiáticos que desolaron Egipto a fines del Imperio Medio (1), la edad media del bronce, puede deducirse que vivió en una fecha muy cercana a aquella época. Sin embargo, el fin del Imperio Medio le había parecido a todo el mundo demasiado antiguo como para situar en aquella época el éxodo del pueblo de Moisés. Se pensaba, sobre todo, en el Imperio Nuevo. Pero Velikovsky se aferró a la primera hipótesis y se empeñó en proseguir las pesquisas a lo largo de los siglos siguientes. Encontró tal cantidad de argumentos favorables que, para él, la conclusión se hizo evidente: o faltan cinco siglos de la historia de los hebreos, lo cual es inconcebible, o la cronología egipcia, tan esmeradamente establecida por los historiadores, está alargada en cinco siglos, lo que también es muy difícil de admitir (pero no inconcebible, pues actualmente un maremoto está en vías de trastornar toda la cronología de la historia de los aztecas y los mayas, aunque es demasiado corta. Los aztecas y los mayas son mucho más antiguos de lo que se suponía, con un error de varios siglos...).

(1) Hacia 1700 antes de Jesucristo, dinastías XV y XVI.

¿Cómo explicar ese alargamiento improcedente de la historia egipcia? Velikovsky señala que hay varias dinastías que aparecen dos veces. Se las ve evocadas en los monumentos egipcios. Luego, los griegos las mencionaron bajo otros nombres y también se las incluyó en la Historia, aunque se trataba de las mismas. Como dice nuestro autor, muy a menudo los acontecimientos son dobles, pues hay muchas batallas que son la sombra de verdaderas batallas, muchos discursos son ecos y muchos tratados son copias.

Finalmente, habiendo restablecido, de acuerdo con su opinión, la relación de fechas correcta, Velikovsky buscó indicios de los acontecimientos cósmicos graves que había sospechado mediante la literatura sagrada de otros pueblos, y los encontró. Entonces, su primer libro, *Ages in Chaos,* estaba a punto para ser redatado.

Un primer esbozo del libro fue sometido en 1942 a Robert H. Pfeiffer, presidente del departamento de lenguas semíticas y conservador del Museo semita de Harvard. Pfeiffer admitió que, después de todo, las tesis de Velikovsky no son obligatoriamente absurdas. Recomendando el manuscrito a un editor, con vistas a su publicación, escribió:

Considero este trabajo, por provocativo que sea, de una importancia fundamental, bien que sus conclusiones sean aceptadas por los hombres de ciencia competentes, o que él los fuerce a reconstruir la cronología aceptada hasta ahora.

Se me excusará este preámbulo un poco pesado respecto a los títulos de Velikovsky. Yo quería demostrar así, que no es necesario darle obligatoriamente la razón, sino simplemente que se trata de un hombre de ciencia serio cuyas tesis merecen ser discutidas. Pero tal vez convendría exponer estas tesis con algún detalle, aunque bastante abreviadas. Pues los libros de Velikovsky están abarrotados, cargados de hechos y de citas, y no son fáciles de analizar.

LAS RAREZAS DEL PLANETA VENUS

En principio, lo que hizo estallar el polvorín fue el hecho de que Velikovsky quisiera explicar las tablillas de Ammizaduga, verdadero rompecabezas de los astrónomos y de los asiriólogos, por lo menos desde 1874. En la biblioteca de Asurbanipal (1), Layard descubrió las tablas de Venus. Creíase que databan del segundo milenio antes de Jesucristo, pero son la obra de un escriba del siglo VII, por más que lleven el nombre de un antiguo rey, Ammizaduga. He aquí un extracto:

El undécimo día de los meses de Sivan, Venus desapareció por el Oeste y se mantuvo ausente del cielo durante nueve meses y cuatro días, y el undécimo día de Adar, desapareció por el Este.

El año siguiente, el décimo día de Hesvan, Venus desapareció por el Este manteniéndose ausente del cielo durante dos meses y seis días, y reapareciendo por el Oeste el día decimosexto de Tebeth.

El año siguiente, Venus desapareció por el Oeste el día vigésimo sexto de Elul, permaneciendo ausente del cielo durante once días y reapareciendo por el Este el día séptimo del mes de Elul, etcétera.

Ahora bien, todo esto es indudablemente absurdo. Imposible. Ridículo. A primera vista no se comprende cómo los babilonios, tan atentos a los movimientos de los astros, tan precisos en sus observaciones, no eran capaces de detallar exactamente los movimientos del astro más brillante del cielo nocturno. Hay una sola hipótesis que ha ganado algunos sufragios: la que dice que las tablillas son erróneas. ¿Pero cómo explicar, no solamente los errores en los días, sino incluso en los meses? Además, hay dos réplicas de las tablillas de Venus que no están representadas de la

(1) Asurbanipal, rey de Asiria (668-626 antes de Jesucristo). Reunió en su biblioteca todos los documentos de su reinado y copias de todos los textos importantes de la antigua literatura babilónica.

misma manera, pero que forman parte de las mismas observaciones. Más aún, si se trata de errores o de absurdos, ¿por qué los escribas estuvieron reproduciendo estas tablillas durante siete siglos, por lo menos? ¿Por qué, finalmente, esas observaciones sorprendentes no se encuentran más que en las tablillas de Ammizaduga? (1). A partir de estos planteamientos, Velikovsky creyó poder sugerir, por lo menos a título de hipótesis, que se trata de irregularidades efectivamente observadas en la aparición de Venus, irregularidades que no pudieron provenir más que de una catástrofe o de una colisión cósmica.

Más asombroso aún es el hecho de que se conserven indicios de la existencia de un antiguo sistema del mundo con cuatro planetas solamente, del cual Venus estaba excluido. Los antiguos escritos brahmánicos no mencionan cinco planetas sino sólo cuatro, y omiten a Venus. Weiher (*Handbuch der Babylonien Astronomie,* 1915), reconoce la extrema importancia de los sistemas de cuatro planetas en la astronomía babilónica (2). Y también allí es Venus el planeta que falta. Por el contrario, Venus es citado, con el Sol y la Luna, como miembro de una clase aparte. Más asombroso aún: en una época ulterior, Venus es denominada «la gran estrella que se reunió con las otras estrellas».

El aspecto del planeta, tal como es descrito o evocado en los cantos sagrados, plantea más de un problema. Después de la conquista, según Humboldt que se muestra sorprendido, los indios hablaban «de la estrella que echa humo que los españoles llaman Venus», y, según Bernardino de Sahagún, los mexicanos llamaban «estrellas que echan humo» a los cometas. De todo lo cual se puede inducir que Venus era justamente un cometa. En el *Atharva Veda* (VI, 3, 15), «Venus parece un fuego acompañado de humo». En el *Talmud* de Babilonia (sección Shabbat, 156 *a*) se recuerda que «Venus dejaba caer fuego». Para los babilonios, por otro lado, Venus tiene una cabellera y, para los árabes, su nombre es *Zebbaj, «el astro con cabellos»*.

Por otra parte, es posible encontrar fácilmente, en los textos religiosos, síntomas del pavor que inspiraba el planeta Venus, aunque no parece haber razón para ello. Los hombres temían, al prin-

(1) Ver, en el anexo de este capítulo, los períodos de invisibilidad de Venus, según las tablillas de Ammizaduga, tal como los resume Langdon.
(2) Ver Weiher: *Handbuch der babylonien Astronomie* (1915).

cipio, que Venus no volviera a aparecer y luego temían que desencadenara cataclismos. Los sacerdotes iranios lo invocaban así:

Hacemos sacrificios a Tistrye, brillante y gloriosa estrella.
Que desde hace mucho tiempo multitudes, bestias y hombres,
Buscando por todas partes, esperan en vano.

Más adelante, los sacerdotes señalan que Venus «hizo hervir el océano hasta en su centro».

En los salmos babilónicos, Ishtar (o Venus) habla del siguiente modo:

Yo soy Ishtar
Que hace temblar los cielos y vacilar la Tierra;
Con el fuego de mis relámpagos yo ilumino el cielo,
Mis lluvias de fuego flagelan al enemigo,
Yo destrozo y engullo las montañas del mundo.

Agreguemos que Marte, como planeta, no es menos temido que Venus. Se le atribuye un carácter tan caprichoso como el de Venus y mucho más cruel.

¿ES NUEVO EL CATASTROFISMO?

¡De ninguna manera! Al contrario, la idea de que la Tierra ha evolucionado a través de una serie de catástrofes es muy antigua. Fue muy común y no ha sido destronada hasta hace muy poco por la creencia en una evolución progresiva e insensible. Un pequeño repaso histórico no me parece que esté fuera de lugar en este momento.

Uno de los personajes más conocidos respecto a esta cuestión, aunque no el primero, fue William Whiston (1667-1752), teólogo inglés que pretendía que el diluvio fue motivado por el encuentro de la Tierra y de un cometa a fines del tercer milenio antes de Jesucristo. Antes del diluvio, según su opinión, el año no duraba más que trescientos días (lo que se puede decir es que en todo caso el antiguo año babilónico tenía trescientos días) y que el año de 365 días no fue introducido hasta Nabonasar, rey de Babilonia, el año 747 antes de Jesucristo. Las ideas de Whiston impresionaron enormemente a Newton, aunque más adelante este gran hombre adoptó las teorías llamadas fundamentalistas, según las cuales no solamente deben interpretarse las Escrituras al pie de la letra (y a este respecto las teorías de Whiston no eran molestas, sino todo lo contrario), sino que también debe creerse que el mundo es perfectamente estable y que se parece a una máquina perfecta, creada en los primeros días de la Génesis por la mano de Dios infinitamente sabio. Ahora bien, si abandonamos los caminos tradicionales sobre el orden del mundo, pensaba Newton, el propio orden moral puede ser socavado (1).

Esta última opinión, por otra parte, está generalmente oculta y fuertemente anclada en el subconsciente de un gran número de críticos de Velikovsky. Un detalle de los más curiosos: en una de sus últimas obras no publicadas, pero de la cual habla F. E. Manuel (2), Newton sostenía, como Velikovsky, que habría que reducir la cronología griega en 400 años y, aun como Velikovsky, pensaba que muchas dinastías de Egipto eran citadas dos veces por los historiadores. Velikovsky piensa que Sheshonk, faraón de la XXII dinastía, es también el Tutmés de la XVIII dinastía. Newton, por su parte, identificaba a Sheshonk con el Sesostris de los griegos. Los historiadores griegos deben de haber confundido a Tutmés III con Sesostris III de la XII dinastía. Sea lo que sea, lo cierto es que Velikovsky, después de muchos años de insistencia, consiguió que se realizaran unas pruebas con carbono 14, que apoyaron su hipótesis de que las fechas de la historia egipcia son muy altas y es necesario reducirlas de una manera importante.

¿Sabían ustedes que Laplace señalaba que la resistencia a aceptar las catástrofes cósmicas viene de la creencia de que si los cielos no son fijos la ley moral tampoco es fija? El mismo Laplace describió los efectos de la colisión con un cometa que pudiera ser lo suficientemente grande como para desplazar el eje de

(1) Podría asombrar ver a Newton profundamente ocupado en estos problemas. Pocas personas saben, en efecto, que los trabajos de astronomía no le ocupaban a Newton más que una pequeña parte de su tiempo. La mayor parte la empleaba en sus investigaciones de alquimia y de teología, que forman una masa considerable todavía inédita.

(2) Manuel (F. E.): *Isaac Newton historian* (Cambridge, 1963).

la Tierra al chocar contra ella, arrancando a los océanos de sus lechos; incluso sostenía que la cosa debió ocurrir y que la raza humana, destruida en gran parte por el cataclismo, no ha conservado más que un recuerdo confuso... Velikovsky, como vemos, no ha dicho cosas tan fuera de este mundo.

Pero vamos al famoso jesuita, el padre Franz Kugler (1862-1929), autoridad reconocida en astronomía, cronología y mitología babilónicas. También él decidió tomarse en serio los mitos, preguntarse si éstos no encerraban un mensaje inteligible e importante, aunque disimulado bajo un lenguaje convencional. Se aferró al tema conocido de la mitología antigua, la batalla de las estrellas, y también a la historia de Faetón, que robó el carro al Sol y tuvo la culpa de hacer caer a la Tierra en desgracia. Según Kugler, éste es el relato, apenas novelado, del acercamiento de un cuerpo celeste de grandes dimensiones y de las catástrofes que este acontecimiento trajo aparejadas a la Tierra. Y también, siempre según Kugler, la catástrofe habría sido fechada con precisión por los antiguos cronologistas que consideraban como contemporáneos el diluvio de Deucalión o de Ogiges en Grecia, la incineración de Faetón en África (o en Etiopía) y las siete plagas de Egipto. Según Éforo (siglo IV antes de Jesucristo) (1), el cataclismo sobrevino en el año 1528 antes de Jesucristo. Esta cronología fue aceptada por Eratóstenes (siglo III antes de Cristo), y más adelante por Cástor de Rodas (siglo I antes de Jesucristo), Varrón (2), que cita a Cástor, dice «que en tiempos del diluvio de Ogiges ocurrió una gran maravilla con la estrella Venus, algo que ni antes ni después ha tenido parangón, puesto que su color, su forma, su apariencia y el curso que seguía en el cielo fueron modificados».

Para ser honestos digamos que Kugler no habla de Venus, salvo para explicar las tablillas de Ammizaduga. También él acepta como reales los acontecimientos narrados en las tablillas, pero los atribuye a un cielo anormalmente cubierto. De este modo se olvida que el cielo no permanece cubierto en Mesopotamia durante meses enteros, como el mes del cual se trata. ¿Y por qué los escribas habrían conservado el recuerdo durante tanto tiempo de un cielo cubierto? Kugler reconoce también el hecho de que

(1) El primero que escribió una *Historia universal.*
(2) Erudito latino, al cual César había confiado la organización de las bibliotecas que se había propuesto fundar.

Venus es ubicado, por los antiguos, con el Sol y la Luna y no con los otros cuatro planetas. Pero su explicación es otra. Dice que esto se debe a que Venus brilla tanto que hasta se puede ver en pleno día. Además, en las antiguas mitologías, Venus está prepresentado como si tuviera fases iguales que las que tiene la Luna. Y cuando Galileo las descubrió, algunos de sus contemporáneos le hicieron señalar que los antiguos, al parecer, ya habían mencionado el asunto. Lo cual plantea un nuevo problema: las fases de Venus son absolutamente invisibles para el ojo desnudo. Salvo, evidentemente, si Venus se aproximara a la Tierra en ciertos momentos.

KUGLER Y EL COMIENZO DEL HISTORIKON

A un historiador de la experiencia de Kugler no podía pasarle inadvertida la discordancia entre la astronomía de antes y la de después de Nabonasar. Antes de ese rey (787 antes de Jesucristo), tenemos las tablillas de Ammizaduga, que todos los hombres de ciencia «serios» consideran absurdas, o bien, como señala Kugler, el cielo estaba demasiado cubierto para que se pudiera distinguir a Venus. Después de Nabonasar, por el contrario, la astronomía se convierte en algo extremadamente preciso, y es en este período, más o menos, donde los griegos ubicaron el comienzo de la era histórica llamada *Historikon* (1). Según ellos fue Fidón de Argos (2) quien introdujo las nuevas unidades de longitud, de pesos y de volumen, y quien por primera vez empleó el calendario de 365 días en vez de 360. La primera olimpíada tuvo lugar un poco antes de Fidón, puesto que Heródoto cuenta que el sabio de Argos intentó regularizar los juegos. Igualmente, según Fabio Píctor, el primer analista romano, la fundación de Roma tuvo lugar en el año 748 antes de Cristo, lo que más o menos concuerda con los comienzos del *Historikon.*

¿Qué fue lo que ocurrió de particular durante el reinado de Nabonasar? La enfermedad de la precisión y el virus de la astro-

(1) La era del Historikon marcaba para los griegos el comienzo de la Historia, que se inició alrededor de la primera Olimpíada.
(2) Fidón de Argos, siglo VII antes de Jesucristo.

nomía, ¿pudieron infectar de golpe a los babilonios y a los griegos después de Fidón? (Este último probablemente no ha existido nunca. También se trata de un mito de esos endemoniados griegos.) Si esto fuera así, debería encontrarse, en las medidas babilónicas anteriores a Nabonasar una laxitud y una negligencia que se corregirían bajo el reinado de dicho rey. Pero he aquí que la realidad demuestra todo lo contrario. Ya lo hemos visto anteriormente a propósito de los viejos portulanos.

Así, pues, no nos queda más que una hipótesis, que es necesario enunciar, por horrible que pueda ser. Si, en las tablillas de Ammizaduga, el escriba de Caldea dijo que no había visto a Venus, es que Venus no estaba allí, sencillamente.

LA ACOGIDA DE LAS TEORÍAS DE VELIKOVSKY

Es posible que un cierto número de lectores se sientan conmovidos por todo lo precedente y se muestren inclinados a admitir los resultados de Velikovsky. Si esto fuera así, me siento obligado a decir que irían mucho más lejos que yo. No he intentado demostrar ninguna certidumbre, en efecto, y sobre todo no he querido señalar que Velikovsky tuviera enteramente razón. Creo, por el contrario, como ya he dicho, que Velikovsky se excede en más de un punto. Sus hallazgos lo obsesionan y, por lo tanto, realiza sus búsquedas de argumentos un poco por todas partes, sin fijarse lo suficiente muchas veces.

Sin embargo, por otro lado, lo que yo digo es que el viejo catastrofismo, que se creía derrotado definitivamente por la teoría de la evolución progresiva por grados insensibles, no estaba tal vez tan lapidariamente refutado como parecía. Porque un problema científico es difícil que sea verdadera y completamente liquidado. Y que, por lo mismo, Velikovsky merecía haber sido leído, escuchado y discutido objetivamente.

A decir verdad, sería exagerado afirmar que no lo fue en absoluto. Ya hemos visto que Pfeiffer, juzgando estas tescis discutibles, las encontró dignas de ser tenidas en cuenta. Miller profesor de Física y de Matemáticas en la Universidad de Dillard, cree que estas tesis pueden sostenerse y concluye señalando que, en todo caso, nunca han sido refutadas. W. S. Adams, director de los observatorios de Monte Wilson y de Monte Palomar, felicita a Velikovsky por su manera de presentar los hechos históricos y astronómicos y discute con él de la manera más cortés del mundo, igual que el astrónomo L. Moltz, de la Universidad de Columbia. Y el más grande de todos, Einstein, que conocía a Velikoysky desde su juventud, lo defendió firmemente e incluso intentó (sin éxito) llevar a cabo ciertos experimentos que pudieran apoyar o rechazar aquellas tesis.

Sí, pero veamos también lo que sigue... En 1946, el valiente Velikovsky, con su manuscrito bajo el brazo, va a ver a Harlow Shapley, director del observatorio del Harvard College. Y, luego de excusarse por su osadía de haber entrado, él, un ínfimo biólogo e historiador, en la sublimidad de la astronomía, expuso lo esencial de sus tesis preguntando si el análisis espectral de Venus no había revelado ninguna cosa en cuanto a la naturaleza de las nieblas espesas que cubrían al planeta. Shapley le respondió evasivamente, agregando que los cambios repentinos en la órbita de los planetas que postulaban sus teorías contradecían las leyes de la gravedad (a decir verdad no era esto lo que pretendía Velikovsky, que hablaba sobre todo de la introducción de un cometa dentro del sistema solar). Sin embargo, Shapley no se negó a realizar algunas observaciones y medidas siempre y cuando hubiera un hombre de ciencia de prestigio que leyera primera el manuscrito y se lo recomendara. El decano Kallen, sociólogo, amigo de Velikovsky y que conocía muy bien su obra, escribió también a Shapley, explicándole que el autor era serio e instruido y que merecía ser escuchado. Shapley (que no había leído el manuscrito y que ya no lo leería nunca) contestó que los pretendidos descubrimientos sensacionales de Velikovsky no le interesaban, porque violaban las leyes de la mecánica. A pesar de todo, sugirió que le escribiera a Adams, director del observatorio del Monte Wilson, o a Wildt, del observatorio Mac Cormick.

Y Velikosvky, de nuevo, tuvo que mandarles preguntar si había o no había hidrocarburos en la atmósfera de Venus. Los otros le respondieron que no lo sabían, y en efecto, en 1946, no se podía decir otra cosa. No se pudo probar la existencia de dichos cuerpos hasta 1963, con la ayuda del «Mariner II».

Más adelante nuestro autor intentó hacer publicar su manuscrito, que fue rechazado por muchos editores que lo consideraban muy largo o muy sabio para el gusto del público. Sin embargo, James Putnam, de la célebre editorial Macmillan, especialista en ediciones científicas, vio que existía una posibilidad de publicación. Hizo leer el manuscrito por algunos sabios, entre los que se contaban O'Neill, conservador del planetario de Hayden, y Atwater, presidente del departamento de astronomía del American Museum of Natural History. Los dos recomendaron la publicación y, por lo tanto, el libro fue puesto en prensa.

Hasta aquí, no hay nada anormal. Shapley era muy libre de juzgar que tenía otras cosas que hacer antes de interesarse por las tesis de Velikovsky, mientras que otros astrónomos podían encontrarlas dignas de ser publicadas. No veo en estos hechos otra cosa que unas divergencias de opinión perfectamente normales en materia científica.

Pero en este momento las cosas se echan a perder. Todo a causa de la inocente intervención de Larrabee, un redactor del *Harper's Magazine*, que juzgó necesario anunciar con estrépito la aparición de *Worlds in Collision* haciendo un resumen de las tesis principales de dicho libro.

Diversos periódicos reprodujeron el mencionado artículo. Esto nos lleva a 1950, momento en el cual el libro está a punto de ponerse a la venta. Shapley escribió a Putnam diciéndole que esperaba que Macmillan no publicaría aquel libro, puesto que el hecho de publicarlo significaría entrar en el terreno de la magia negra. Putnam le respondió señalando que el libro, por supuesto, iba a ser publicado de todos modos. Hubo una nueva carta de Shapley, que advertía que la reputación de Macmillan sufriría mucho con aquella publicación y que las relaciones entre él, Shapley, y Macmillan se verían interrumpidas desde entonces. Dicho esto, el presidente-director general de Macmillan, George Brett, se amedrentó, prometiendo someter el libro al juicio de tres censores y advirtiendo que obraría de acuerdo con la opinión de los mismos.

Los tres consejeros debieron de estar de acuerdo, puesto que el libro, efectivamente, apareció. Se sabe que uno de los consejeros era Van der Merwe, presidente del Departamento de Física en la Universidad de Nueva York.

El 25 de febrero de 1950, *Science* publicó una «crítica lapidaria» contra Velikovsky, escrita por un arqueólogo, un orientalista, un antropólogo, un geólogo y el propio Shapley, todo lo cual sigue entrando dentro de lo normal. Las polémicas, incluso las violentas, no deben ser excluidas de los dominios de la Ciencia, ya que significan una señal de juventud. De todos modos, he aquí un detalle disonante. En el caso que nos ocupa, el libro aún no había sido comercializado y ninguno de sus críticos lo había leído hasta entonces. Ellos no conocían otra cosa que no fuera los artículos de vulgarización aparecidos en revistas como *Harper's Magazine* y el *Reader's Digest*, en las cuales la exactitud científica no es una característica dominante. En este caso, por lo tanto, nos salimos un poco del dominio de las polémicas leales y objetivas si es que alguna vez existieron las polémicas de ese tipo...

Al mes siguiente, una colega de Shapley, Cecilia Payne-Gaposhkin «destruyó» el artículo de Larrabee y, por consiguiente, al propio Velikovsky (al cual ella misma confesó no haber leído...).

¡Pequeños pecados! A fin de cuentas, esas cosas ocurren a menudo. Pero he aquí algo ya más grave: el célebre Otto Struve, director del observatorio de Yarkes, escribió a O'Neill y a Atwater pidiéndoles que abandonaran sus posiciones favorables a Velikovsky. El ingenuo Atwater, que no veía la trampa en la que se metía, contestó que sin aceptar ni mucho menos todas las tesis del autor les encontraba grandes méritos y que, por lo tanto, estaba preparando un programa al respecto en su planetario. En cuanto a O'Neill, lo que hizo fue enviar al diablo a Struve después de romper su carta contentándose con comunicarle que, a su modo de ver, el libro incriminado era más que bueno.

A causa de esto, Atwater fue expulsado del Planetario y del observatorio de los cuales formaba parte. En lo que respecta al artículo que O'Neill había preparado para contestar a Shapley en el *Herald Tribune*, digamos que fue suprimido por la redacción, habiéndose publicado en su lugar un artículo de Struve contra Velikovsky.

Abrevio. Paso por encima de esta historia, no menos lamentable que lo que he dicho. Hubo citas suprimidas o erróneas (1), que,

(1) Ver la página 193, en el anexo de este capítulo.

a su vez, fueron citadas por otros y mantenidas a pesar de las demandas de rectificación y de los derechos de respuesta que fueron denegados en diversas ocasiones, etc.

LOS ARGUMENTOS DE LA OPOSICIÓN

Payne-Gaposhkin hace notar que las observaciones de Venus se extienden a quinientos años antes del Éxodo (aunque el dato no es tan conocido como esta tesis quiere hacerlo aparecer...). Sin embargo, Velikovsky nunca había señalado una fecha para el nacimiento de Venus, salvo por el hecho de mencionar que el mismo debió ocurrir algún tiempo antes del Éxodo. Gaposhkin se apoya en las tablillas de Ammizaduga para probar la existencia de Venus en aquel entonces, mientras que Velikovsky hace notar la extremada fantasía de los movimientos de Venus anotados en estas mismas tablillas como una prueba de que el planeta se comportaba de una forma notoriamente anormal. De todos modos, sería necesario elegir: ¿acepta usted las tablillas de Ammizaduga o no las acepta? Pero si usted las acepta, ¡qué diablos...! ¿Piensa usted de veras que Velikovsky no es el ganador? Más aún, Kaempffer, redactor científico del *Times*, siguiendo a Gaposhkin en sus críticas, acusa además a Velikovsky de despreciar las tablillas de Ammizaduga... cuando constituyen, como hemos visto, la parte más esencial de su argumentación.

¿Qué se puede decir de los orientalistas? Menos violentos que los astrónomos, parece como si ellos hubieran leído a Velikovsky, aunque sea rápidamente. Entre los partidarios de Velikovsky citemos a Schaeffer, profesor en el Colegio de Francia y responsable de las excavaciones de Ras Shamra, en Siria. Schaeffer había llegado, por su parte, a la conclusión de que las civilizaciones del Oriente Medio habían sufrido, en cinco oportunidades, unos grandes cataclismos, ubicados entre los milenios III y V antes de Jesucristo. Digamos también que Schaeffer escribió con entusiasmo a Velikovsky y siempre fue uno de sus más fieles amigos y corresponsales.

EPÍLOGO

Puesto que en este caso hay uno, que es el «Mariner II». Este instrumento sinvergüenza confirmó las predicciones de Velikovsky: la abundancia de hidrocarburos en la atmósfera de Venus y la temperatura muy alta que rige en el planeta, y asimismo la presencia de una magnetosfera que se extiende más allá de la Tierra, sin olvidar la potente emisión de radio procedente de Júpiter, fenómenos todos ellos que habían sido predichos igualmente por Velikovsky.

Esto ocurrió a fines de 1962. Ya habían pasado, por lo tanto, doce años desde la eclosión del escándalo. Sin embargo, muchos se acordaban de aquello todavía. De esto tenemos la prueba en el hecho de que Bargmann, físico de Princeton, y Moltz, astrónomo de Columbia, escribieran al editor de *Science* (tomo 138, número del 21 de diciembre de 1962), llamándole la atención sobre la indiscutible prioridad de Velikovsky en cuanto a estos descubrimientos y para demandar que se volviera a examinar sus tesis, y en esta ocasión se las examinara objetivamente (1).

De este modo, M. Bargmann y M. Moltz vengan a la corporación de los hombres de ciencia.

El pobre Velikovsky, estimulado por la carta de Bargmann y Moltz, trató de enviar una nota a *Science* en la cual hacía notar que todos los descubrimientos actuales él los había predicho con anterioridad. La nota le fue devuelta sin ningún tipo de consideraciones.

Para finalizar, digamos que hace pocos años el profesor Hess, presidente de la sección espacial de la Academia americana de Ciencias, escribió a Velikovsky, diciéndole:

Algunas de sus predicciones parecían imposibles cuando usted las escribió. Todas ellas fueron publicadas mucho antes de que se pudiera demostrar su exactitud. Por otra parte, yo no sé que ninguna de sus predicciones se haya demostrado que fuera falsa.

(1) Ver Bargmann y Moltz en *Science*, tomo 138, 21 de diciembre de 1962.

ANEXOS

LAS HUELLAS DE LAS CATÁSTROFES RELATIVAMENTE RECIENTES. LA HISTORIA DE LOS MAMUTS

Se sabe desde hace mucho tiempo que los colmillos de los mamuts aprovisionaron durante siglos el mercado del marfil en Rusia. Pero tal vez no se sabe tanto respecto a su carne, que fue hallada congelada y que se vendía, incluso como carne de baja calidad, en San Petersburgo. Se encontraron mamuts enteros, excepto cuando los lobos se habían interesado por ellos anticipadamente, pero es necesario agregar que, contrariamente a lo que han escrito ciertos autores demasiado imaginativos, aquellos mamuts no se encontraban en muy buen estado, sino que, por el contrario, las más de las veces olían bastante mal. En fin, después de por lo menos 10.000 años, su estado de conservación podía considerarse, de todos modos, como notable.

No todo el mundo está de acuerdo sobre las causas de la sorprendente conservación de los mamuts, y hay geólogos, como Farrand (*Science* 133, 1966, 729-735), que indudablemente adoptan al revés la hipótesis de que la causa de la muerte y de la conservación anormal de los mamuts fue un súbito descenso de la temperatura. Creo que discutir a fondo el artículo de Farrand es muy útil, puesto que podremos notar claramente cómo un hombre que intenta por todos los medios probar alguna cosa (en este caso la no existencia de una catástrofe), llega a conclusiones completamente opuestas.

Farrand empieza por aceptar que en la época de los mamuts, la temperatura de la Siberia era netamente más cálida que en la actualidad. Los contenidos estomacales (e incluso las hierbas encontradas entre los dientes de los proboscidios) indican, según Heins (1958), un clima más cálido y sin duda más húmedo que el de la Siberia actual. Incluso se han encontrado grandes árboles asociados a los restos de mamuts de Alaska. Pero, por otra parte, el clima no debía ser tan cálido como esto, puesto que la espesa piel de los mamuts y la no menos espesa capa de grasa que acolchaba su piel indican la adaptación a un clima frío. Lo que molestó a Farrand fue el hecho de que también se hallara otra cosa en el estómago de los mamuts. En efecto, se encontraron plantas que indicaban un clima mucho más cálido, pertenecientes a la flora de Europa occidental y no a la tundra un poco más templada en la cual los mamuts debieron de haber vivido según la teoría clásica. Pero esto no quiere decir que sea cierta. Es posible admitir que los mamuts eran animales de un humor migratorio, lo cual es muy probable, aunque no existe el más ligero indicio de prueba, primera hipótesis *ad hoc* de Farrand que supone que los mamuts tenían una digestión singularmente lenta (hasta el punto de no haber llegado a completarse al término de la migración...).

En cuanto al número de mamuts congelados, ¿hay pocos o muchos? Se conocen treinta y nueve, aunque sólo cuatro se encuentran en buen estado. Esto no quiere decir nada, según Farrand, «puesto que los colmillos que se han encontrado superan el número de 50.000». Sólo que los mamuts vivieron entre los 20.000 y los 10.000 años antes de nuestra Era y esos 50.000 colmillos son probablemente de todas las edades. ¿Cuál es, pues, la proporción de mamuts congelados en relación a la población total de mamuts? No sabemos nada en absoluto sobre ese punto, segunda azarosa extrapolación de Farrand. Más aún teniendo en cuenta que algunos rinocerontes lanudos fueron encontrados en estado de congelación al mismo tiempo que los mamuts.

La edad de los mamuts congelados no ha sido siempre bien determinada. Se han hecho estudios con radiocarbono en relación al mamut del delta del Lena, que tiene más de 30.000 años. Por otra parte, un joven espécimen de mamut no tiene más de 20.000 años. Sin embargo, el mamut de la península de Taymir no tendría, tal vez, más de 7.500 años. En cuanto al resto no es mucho lo que se sabe, aunque la fecha generalmente aceptada gira alrededor de los 10.000 años. En todo caso, como se sabe, el hombre fue contemporáneo de los mamuts, los cazó activamente y los pintó sobre las paredes de las cavernas. Griffin señala que, en la zona del lago Baikal, los cazadores paleolíticos atacaban a los mamuts entre —12.000 y —9.000 años. (Véase figura 13, fuera de texto.)

¿De qué morían los mamuts? No de una congelación brusca, asegura Farrand. El hecho de que hayan sufrido un cierto grado de putrefacción indica, según él, que se pudrieron antes de congelarse, y yo no he llegado a comprender por qué. ¿Acaso existe la menor objeción al hecho de que los haya matado un golpe de frío y que los cuerpos se hayan descongelado y descompuesto posteriormente, incluso muchos años después? No tenemos ningún medio real para saber si una muestra de carne muscular ha sido atacada por la putrefacción antes o después del hielo (hielo seguido de deshielo, evidentemente). Más interesantes son los síntomas de asfixia que se observan en dos especímenes: el pene del mamut de Berezovska se halla en estado de erección, lo que se explicaría muy bien en un caso de asfixia. Los vasos cerebrales de un rinoceronte del río Vilnyi, en Siberia, están obstruidos por la sangre, como en el caso de una asfixia brutal.

De todos modos, según dice Farrand, las partes blandas de otros animales se han preservado, en otras ocasiones, a lo largo de varias eras geológicas. ¡Sí y no! Y para empezar, estos casos son indudablemente excepcionales y los animales nunca se conservan en su totalidad. Se pueden citar algunos trozos de piel de dinosaurio momificada y también la asombrosa conservación de pequeños animales en los esquistos del monte Stephen, que están tan bien conservados que hasta puede hacerse su histología. Pero no se trata realmente, de partes blandas. Una arcilla extremadamente fina ha tomado, por decirlo así, el lugar de los tejidos, molécula a molécula, mediante un proceso que se halla lejos de estar completamente esclarecido. Citemos también la conservación casi total de infusorios flagelados del permo-carbonífero (e incluso de períodos más antiguos) en el interior de las rocas. En estos casos, incluso los colorantes histológicos dan todavía un pequeño resultado y colorean más o menos los tejidos. Pero se trata de animales microscópicos.

Espero que ustedes habrán percibido netamente los esfuerzos que realizó Farrand para minimizar un fenómeno en el que no cree en absoluto. Con el pretexto de que hubo cierto número de autores que se mostraron de acuerdo con el fenómeno (entre los cuales está Velikovsky, al que cita), Farrand se cree obligado a mostrarse enteramente en desacuerdo. Pero el hombre de ciencia imparcial llegará, de todos modos, a la conclusión de que algo pasó respecto a los mamuts de Siberia, algo curioso y poco habitual, aunque con toda seguridad catastrófico, sin que con esto se quiera afirmar que se trata de una congelación instantánea o de cualquier otra catástrofe definida. El camino de las investigaciones sigue abierto a este respecto y no cerrado, como desearía Farrand.

CÓMO SE DEFORMAN LAS CITAS DE VELIKOVSKY

He aquí el texto completo de Velikovsky, que viene después de tres páginas de descripción de una batalla entre Zeus y Tifón, extraída de Apolodoro:

...Uno de los lugares donde se desarrolló el combate celeste entre las fuerzas elementales de la naturaleza, según lo narran Apolodoro y Estrabón, se hallaba sobre el camino que va de Egipto a Siria (nota al pie de la página: el monte Casio mencionado por Apolodoro, puede aplicarse tanto al monte Líbano como al monte Sinaí. Cf. Pomponio Mela: De Situ Orbis). *Según Heródoto, el acto final del combate entre Zeus y Tifón tuvo lugar en el lago Serbon, sobre la ruta costera de Egipto a Palestina (nota al pie de la página: Heródoto, II, 5. Igualmente Apolonio de Rodas, libro II de los* Argonautas, *decía que Tifón, golpeado por un rayo de Zeus, yace en el fondo del lago Serbon). Agreguemos que la edición de Heródoto de Harvard* (Loeb Classical Library) *sitúa también el pasaje citado en relación con el lugar donde Tifón fue enterrado luego de su derrota a manos de Zeus.*

Gaposchkin cita *Worlds in Collision*:

Uno de los lugares donde se desarrolló el combate celeste (...pasaje omitido por Gaposchkin) se encontraba en el camino que va de Egipto a Siria. Según Heródoto, el acto final del combate entre Zeus y Tifón tuvo lugar en el lago Serbon, sobre la ruta costera de Egipto a Palestina. Pero Heródoto no dice nada de la batalla ni tampoco de Zeus en el pasaje citado.

Otra crítica de Gaposchkin:

Leemos que una catástrofe cósmica fue responsable de la destrucción del ejército de Senaquerib por un «torbellino de fuego». Pero ninguno de los tres relatos bíblicos del hecho habla para nada de un tor-

bellino: cada uno de los tres atribuye la derrota del enemigo a un ángel (nota al pie de la página: II Reyes, *19, 35;* II Crónicas, *32, 21;* Isaías *37, 36). Es verdad que encontramos un torbellino en la profecía de Isaías antes del acontecimiento:* «Ahora enviaré un torbellino sobre él, y él escuchará un rumor, y regresará a su propio país.» *(Nota al pie de la página:* II Reyes, *19, 7.) Pero la palabra hebrea empleada aquí es un «viento» o un «soplo» más que un fuego. Heródoto lleva a cabo una descripción muy distinta de la derrota del ejército de Senaquerib, derrota ésta que no sugiere ninguna catástrofe cósmica: «Senaquerib, rey de los árabes y de los asirios, hizo marchar a su enorme ejército hacia Egipto* [...] *Cuando los dos ejércitos estaban ya frente a frente, sobrevino en una noche una multitud de ratas de campo que devoraron todas las cuerdas de los arcos y todas las correas de los escudos. La mañana siguiente, comenzaron el combate, en el cual cayeron ingentes multitudes, ya que no tenían armas con las que defenderse (Heródoto:* Historias, *III, trad. Rawlinson). Si todos los lectores dispusieran de una biblioteca clásica completa* [...] *si todo el mundo pudiera ser asiriólogo y pudiera estudiar habitualmente la Biblia en las versiones hebreas y de los Setenta, el doctor Velikovsky no tendría tan fácil su tarea.*

Y veamos ahora el texto de Velikovsky:

La descripción de la destrucción del ejército de Senaquerib es muy lacónica en el libro de los Reyes: «Y sucedió que el ángel del Señor pasó esa noche por allí y mató a cien mil guerreros en el campamento de los asirios; y cuando amaneció, he aquí que todos estaban muertos. Entonces Senaquerib, rey de Asiria, partió y regresó a Nínive. Y el Señor envió un ángel que retiró a todos los poderosos hombres de guerra.» *¿De qué género de destrucción se trata? Esto aparece explicado en el libro de los Reyes y en Isaías donde se dice que se trataba de un «torbellino» lanzado contra el ejército de Senaquerib:* «Enviaré un torbellino sobre él [...] y él volverá a su país», *fue la profecía que precedió inmediatamente a la catástrofe* [...] *Las fuentes del Misdrah y del Talmud, que son numerosas, están todas de acuerdo respecto al modo como fue destruido el ejército enemigo: un torbellino procedente del cielo cayó sobre el campamento de Senaquerib. No se trataba de llamas, sino de un torbellino devorador:* «Sus armas fueron quemadas, aunque sus vestidos permanecieron intactos.» *El fenómeno estuvo acompañado por un ruido terrorífico (nota al pie de la página: Tratado del Sabbath, 113 b; Sanedrín 94 a; Jeremías, sobre Isaías, I, 16; L. Ginzberg:* Leyendas de los judíos, *VI, 363). Otra versión de la destrucción del ejército de Senaquerib es la ofrecida por Heródoto. Durante su visita a Egipto, los sacerdotes o los guías egipcios le explicaron que el ejército de Senaquerib, cuando amenazaba las fronteras de Egipto, había sido destruido en una sola noche. Según esta historia, una estatua de la divinidad sosteniendo en su mano un ratón fue elevada en un templo egipcio para conmemorar el milagroso acontecimiento. Para explicar esta figura simbólica, se dijo a Heródoto que miles y miles de ratones bajaron al campo asirio y royeron las cuerdas de los arcos y de las otras armas y que, privada de sus armas, la tropa se vio ganada por el pánico y se dio a la fuga.*

PERÍODOS DE INVISIBILIDAD DE VENUS SEGÚN LAS TABLILLAS DE AMMIZADUGA

Año	Invisibilidad conjunción inferior	Invisibilidad conjunción superior
1	3 días	2 meses y 7 días
2		
3	20 días	2 meses y 1 día
4		
5	15 días	2 meses y 4 días
6	3 días	2 meses y 11 días
7		
8	7 días	2 meses y 7 días
9	4 días	2 meses y 10 días
10		2 meses y 10 días
11	11 días	5 meses y 16 días
12		
13	7 días	
14	2 meses y 16 días	2 meses
15		
16	15 días	2 meses y 15 días
17	4 días	3 meses y 9 días
18		
19	15 días	2 meses y 6 días
20		
21	7 días	2 meses

LOS OVNIS, LOS UFOS Y OTROS PLATILLOS VOLANTES

Naturalmente, en este libro, consagrado a los problemas malditos, es imposible no hablar de los platillos volantes, *Unidentified Flying Objects* o Ufos, o, en español, Objetos Voladores No Identificados, Ovnis. Ufos u Ovnis valen menos que la denominación de «platillos volantes» que hace alusión a la forma de la mayoría de estos objetos.

Digamos desde el principio que es imposible ordenar el problema en un solo capítulo. Hay bibliotecas enteras dedicadas a los platillos volantes. Por lo tanto, voy a contentarme con tratar superficialmente ciertos puntos que los «platillófobos» citan sin parar imaginándose que de este modo ponen un fin a toda discusión sobre el tema.

¿QUIÉN VE LOS PLATILLOS VOLANTES?

1) Serían únicamente ignorantes o neuróticos los que verían platillos volantes. Un americano incluso se ha divertido en *Science*, un periódico de prestigio, pero que no siempre es tan serio como quiere aparentar, estableciendo el perfil psicológico de las personas que ven platillos volantes. El periódico llega a la conclusión de que estos individuos difieren enormemente del americano medio. Por ejemplo, encuentra entre ellos un alto número de contestatarios y resentidos sociales. De ahí a sacar la conclusión de que todos son neuróticos porque no han podido adaptar-

se al *American way of life* no hay más que un paso... Se puede decir lo que se quiera en nombre de la Psicología cuando se la separa del buen sentido. La encuesta hubiera sido útil si el autor hubiera examinado al mismo tiempo el perfil psicológico de los platillófobos, es decir, de aquellos que nunca han visto un platillo posarse en su jardín, sino que incluso declaran que si vieran un platillo que pasa por delante de su ventana, seguirían viendo el muro que hay enfrente (1). Para tener el valor de decir que nunca se ha visto un platillo, es necesario, evidentemente, diferir un poco del retrato clásico del pequeño burgués ordenado y conformista. Esto es lo que la encuesta ha demostrado, y este resultado no es en absoluto milagroso.

Sea lo que sea, un experto en informática francés ha puesto en fichas mil observaciones de platillos volantes y las ha colocado en el ordenador, a lo largo, a lo ancho y en diagonal, es decir, en todos los sentidos. Ustedes podrán encontrar los resultados de este experimento un poco más adelante. Creo que pueden servir para cambiar un poco la imagen del platillómano tal como la forma el encéfalo vicioso del platillófobo.

2) Se me replicará que es posible, pero usted sabe bien que existe un informe muy docto, el informe Condon, por el apellido del físico eminente que ha dirigido los trabajos. Este informe fue redactado gracias a la aportación de 300.000 dólares entregados por el Gobierno americano (¡caramba!, ¡vale la pena escribir informes en América!) Y dicho informe ha sacado en conclusión que el fenómeno de los platillos volantes es falso. Sí y no. En realidad, incluso el informe Condon, tan mal hecho y tan parcial como es, debe convenir, y lo hace, en que subsiste un cierto número de casos verdaderamente alarmantes. Pero, ¿qué dirían ustedes si se pudiera demostrar que antes de empezar los directores del proyecto estaban de acuerdo en que las conclusiones del mismo debían ser negativas, aunque siempre debieran guardarse las apariencias de la objetividad? Sin embargo, éste es el caso. Y existe al respecto una carta que jamás debió ser escrita y que, sobre todo, no debió ser publicada... Pero fue publicada de todos modos por dos hombres de ciencia que estaban vinculados al proyecto. Se escandalizaron, lo dijeron en voz alta y fueron echados a la calle acusados de incompetencia. Uno de ellos, sin em-

(1) Por desgracia, yo no exagero en absoluto. Se trata de un científico muy conocido y de veras ha dicho semejante necedad.

bargo, es nada menos que el poderoso director oficial del departamento de física atmosférica de la Universidad de Arizona. Más adelante expongo esta lamentable historia.

3) Seguramente, pero todo esto no significa que haya trazas físicas palpables que se puedan estudiar en el laboratorio, como, por ejemplo, un pedazo de Ovni. Ahora bien, probablemente hay muchas, por ejemplo, el objeto de Ubatuba, que tiene una historia singular en lo que concierne a ciertos análisis contradictorios. Ustedes podrán leer el relato más adelante.

4) Aparte de esto, encontramos huellas dejadas por los Ovnis en la tierra, y la *ortotenia* (distribución de las observaciones de los Ovnis sobre una línea recta), fenómeno esencial descubierto por Aimé Michel.

UN ESTUDIO ESTADÍSTICO DE LOS OVNIS

El estadístico C. Poher, que dirige un importante servicio de investigaciones sobre las telecomunicaciones y la búsqueda espacial, cogió un día al toro por los cuernos y decidió examinar por sí mismo qué era lo que podía deducirse de los testimonios respecto a los platillos. La poderosa herramienta de la estadística, ¿sería capaz o no de separar el grano de la paja y sacar en limpio alguna conclusión útil?

Al principio, con la ayuda de algunos colaboradores, clasificó y ordenó en fichas perforadas 1.000 casos de observaciones de platillos volantes. La selección consistía esencialmente en rechazar todos los casos que pudieran explicarse evidentemente mediante un fenómeno conocido (meteoritos, regreso de satélites, etcétera). En una segunda selección, se consideró con un cuidado particular los casos en los cuales las fechas concordaban netamente con fechas de fenómenos o de experiencias espaciales conocidas (caída de meteoritos grandes, lanzamiento de globos sonda, etc.). En el curso de una tercera selección se examinaron todas las observaciones que hubieran tenido lugar en una misma fecha. Se quería tener la certeza de que no se trataba de las mismas. Se obtuvieron, en total, 825 testimonios, material de base sobre el cual se podían iniciar los cálculos. 220 casos provenían de Francia y Poher observó que las estadísticas referentes a esos 220 casos arrojaban resultados muy similares a los de la totalidad de los 825 casos, todo lo cual permitía sacar una conclusión de este tenor:

«Nuestro fichero es lo bastante importante para poder llevar a cabo dichas estadísticas, pues constituye un muestrario suficientemente representativo del fenómeno estudiado. El estudio de los casos franceses es suficiente para poder sacar conclusiones generales sobre los fenómenos.»

He aquí los resultados que, a mi juicio, dan una idea bastante exacta y en ciertos aspectos bastante inesperada respecto al fenómeno de los platillos. Primero la identidad de los testigos y sus características. Se les conoce en las tres cuartas partes de los casos y todas las categorías sociales y profesionales figuran entre ellos, comprendidos astrónomos e investigadores (4,36 por ciento los primeros y 4,12 por ciento los segundos). Por consiguiente, al contrario de lo que ciertos platillófobos supersticiosos han intentado insinuar, no se trata de capas sociales poco evolucionadas de la población. En realidad, todo el mundo, o casi todo el mundo, comprendidos los especialistas del cielo, ha podido ver un platillo volante. La distancia a la que se hallan estos objetos no siempre es muy grande y, por lo tanto, se han efectuado algunas observaciones desde muy cerca, incluso respecto a las máquinas posadas en tierra. Un punto curioso es la correlación existente con las condiciones meteorológicas. Hay una plétora de observaciones cuando el cielo está limpio y la visibilidad es óptima, aunque algunos hubieran querido más bien insinuar lo contrario. (Véase figuras 15, 16 y 17, fuera de texto.)

La forma de los objetos es variable, aunque generalmente redondeada; su tamaño varía de un metro a una decena de metros o incluso más, y su color es observado en más de dos tercios de los casos. La mayor parte son de un color rojo anaranjado (por la noche) o metálicos (si es de día). Igualmente, mientras los de la noche son luminosos, los de día reflejan la luz solar. Se han observado «luces» estables o móviles sobre el objeto, aproximadamente en una cuarta parte de los casos.

La velocidad va de la parada completa a los 2.500 km/h y más. Todo el mundo nota la partida acompañada por una ensordecedora aceleración. El 15 por ciento de los objetos ha aterrizado. El silencio durante el vuelo ha sorprendido a todos los testigos. Se trata de una característica poco menos que universal.

Las huellas del aterrizaje han sido señaladas en la mitad de los casos. Y en la mitad de los casos de aterrizaje ha sido puntualizado un desembarco. Generalmente, sale un solo personaje cada vez: «La mayor parte de las veces es de talla pequeña, va vestido con un mono ajustado y generalmente huye a bordo de su vehículo al acercarse el testigo.»

Contrariamente a lo que se ha dicho a menudo, las averías en los motores de encendido eléctrico cuando se acerca el objeto no han sido observadas más que en un 2 por ciento de los casos y lo mismo respecto a los parásitos radioeléctricos (2 por ciento de los casos igualmente). Por otra parte, se observan efectos térmicos en un 5 por ciento de los casos. Los animales generalmente reaccionan por el pánico en un 5 por ciento de los casos.

«*El reparto temporal* de las observaciones hace aparecer un cierto número de oleadas muy marcadas en 1942, 1944, 1947, 1950, 1954, 1959, 1964 y 1967 sin una periodicidad aparente. Un máximo neto de observaciones fue realizado de noche... el máximo total entre las 21 horas y la medianoche.» (Poher.)

En el plano de la estadística, Poher se ve forzado a rechazar la explicación de la psicosis colectiva (¿cómo explicar de este modo la fuerte relación existente con la pureza del cielo, por ejemplo?). Los testigos, por otra parte, en un número elevado de casos, son muy competentes, son innúmeros. Se han realizado numerosas investigaciones oficiales, y en muchos casos existen huellas materiales (independientemente del radar y de las fotografías). Un punto interesante es la gran coherencia de los testimonios a escala mundial.

EL INFORME CONDON

La historia de las investigaciones oficiales o semioficiales sobre Ovnis es bastante embrollada. Hubo un cierto proyecto llamado «Blue Book», emprendido por la Air Force sobre bases muy curiosas. Nunca se pudo saber dónde se hallaba una parte del fichero a menos que los casos interesantes y difíciles de explicar se encontraran en un compartimiento aparte, la gran mayoría de los cuales estando reservada como si se tratara de historias de locos. De esta manera, si un periodista o un curioso quería consultar el fichero de la Air Force, se le entregaba el segundo fichero, pero nunca el primero, etc.

Pero en 1966, al parecer alarmado por una creciente epidemia de Ovnis, el Gobierno americano decidió llevar a cabo una gran jugada fundando una comisión encargada de estudiar el problema. Los créditos fueron relativamente enormes (300.000 dólares) y después de algunas dificultades se encontró una Universidad que no se avergonzó de ocuparse de un tema maldito. Fue la Universidad de Colorado, la cual encargó a un físico teórico muy conocido, el profesor Condon, que dirigiera el proyecto. Algunos años pasaron y a fines de 1968 apareció finalmente un libro bastante grueso, el *Informe Condon* (1), redactado por una veintena de hombres de ciencia y de psicólogos.

Este informe, realizado con todas las apariencias del método científico más riguroso, comienza con un estudio bastante penetrante sobre los distintos fenómenos atmosféricos que podrían hacer creer en la aparición de objetos raros en el cielo. Luego viene la historia de la «platillología», acompañada de una investigación que parece profundizar en los casos contemporáneos. El resultado final es punto menos que negativo. Salvo un número muy pequeño de fenómenos difícilmente explicables, parece bien evidente que en un noventa y nueve por ciento de los casos los

(1) *Condon Report: Scientific Study of unidentified flying Objects* (Bantam Books, 1969).

Ovnis son producto de la alucinación individual o colectiva. Los antiplatillistas triunfan...

LA REFUTACIÓN DE LA REFUTACIÓN

Sí, pero antes que nada apliquemos nuestra técnica habitual y preguntémonos si el informe Condon es lo suficientemente sólido, y si no es posible refutar esta refutación.

¡Oh! ¡Resulta que sí! E incluso, para el lector advertido, el procedimiento empleado salta a la vista. Este procedimiento, por otra parte, tiene cierto efecto. Usted coge un paquete de fichas referentes a los Ovnis y sin ninguna clasificación las cita a tontas y a locas. Como un gran número de presuntos observadores de Ovnis está integrado por locos de atar (nadie lo ha negado nunca), de este modo usted diluye un cierto número de observaciones alarmantes en un océano de locura aguda, y el lector, obligatoriamente, deberá sacar la conclusión de que los Ovnis son el resultado de unas historias de locos. Ahora bien, no se puede ignorar, de todos modos, el inmenso trabajo de clasificación y de comprobación que ha sido llevado a cabo por numerosos investigadores, entre los cuales hay algunos hombres de ciencia oficiales (1). ¿Saben ustedes que incluso existe un código secreto que agrupa varias decenas de caracteres precisos y que no es posible inventar, agrupados según observaciones de aterrizajes? Se le tiene en secreto porque si se publicara muchas personas podrían inspirarse en él y pretender haber visto algo que no vieron en absoluto. Pero cuando surge un nuevo testimonio es posible, recurriendo al código, comprobar si lo que dice concuerda más o menos con los informes precedentes. Conozco algunos detalles de este código y nada es más sorprendente que el hecho de comprobar un acuerdo general respecto a ciertas particularidades de las «gentes de los platillos», por ejemplo en lo que concierne a las características

(1) No hace mucho que los astrónomos del observatorio de Meudon efectuaron una reunión de laboratorio consagrada a los platillos volantes y a la mejor manera de estudiarlos. Creo que estoy lo bastante bien situado para saberlo y no le temo a ningún desmentido...

de la boca y de los ojos (1).

Se dirá que es posible que el Informe Condon haya sido mal hecho y quizás establecido por unos científicos que no creían en absoluto en lo que tenían entre manos, pero se trata de un trabajo honesto que refleja las opiniones de una cantidad no despreciable de especialistas.

Pero ¿y si el trabajo no fuera honesto? ¿Si hubiera estado viciado desde sus orígenes por el propósito de probar que los Ovnis son una cosa absurda y que este propósito debía ser obtenido a todo precio? Esto sería mucho más grave. Ahora bien, tenemos razones para pensar que fue así como ocurrió. Algunos miembros eminentes del proyecto Condon lo abandonaron con estrépito, por ejemplo el psicólogo David R. Saunders, uno de sus directores.

James E. Mac Donald, especialista en física atmosférica y profesor de Meteorología de la Universidad de Arizona se dedicó entonces a escribir una larga carta a R. Low, el administrador (un personaje bastante particular, como veremos), y yo no sabría hacer nada mejor que traducir los principales pasajes de la misma.

La carta está fechada el 31 de enero de 1968 y dirigida a M. R. Low, administrador del Proyecto Ovni.

Mi querido Bob: Tu llamada telefónica del 19 de enero llegó en el momento en que los propósitos que me hacía respecto al Proyecto Ovni me ocupaban bastante el espíritu. Entonces pude pensar con placer que aquella ocasión parecía a propósito para indagar ciertos puntos que me preocupaban y respecto a los cuales pensé que tú podrías informarme. Pero como tú me dijiste muy de prisa que no estabas dispuesto a entretenerme más tiempo, supongo que la gravedad y la naturaleza de las dudas que tengo no te habrán parecido suficientemente claras...

En primer lugar debo decordarte que tú me sugeriste, no sin calor, que yo debía esperar la publicación final antes de criticar el proyecto. Pero si hay algo que criticar, creo que es fundamental que dicha crítica se lleve a cabo ahora y no más tarde del momento en que podría ser necesaria, puesto que aún se está a tiempo de influir en el desarrollo ulterior de los acontecimientos. Por lo menos esto es lo que a mí me parece.

(1) Sus ojos darían casi la vuelta a las sienes. Carecerían de boca y de nariz.

Otra objeción aparentemente más razonable que se podría hacer a mis críticas es el hecho de que los científicos no acostumbran criticar el trabajo de un colega mientras se halla en curso todavía. Pero el Proyecto Ovni no es una investigación ordinaria. Ya he hecho la experiencia más de una vez en Washington, donde, cada vez que habla de los Ovnis todo el mundo me dice: «Esperemos que el Proyecto Colorado llegue a su fin (1).»

Déjame insistir sobre los temas hacia los cuales yo intentaba llamar tu atención en mi llamada telefónica del día 19:

1) *Se han citado, en la Prensa, numerosas versiones de palabras del doctor Condon, siempre en sentido negativo a propósito de los Ovnis cundo el Proyecto todavía está en curso.*

2) *En sus intervenciones públicas y en un caso importante también durante una conversación con científicos, se distingue, por parte del doctor Condon, una extraña preocupación por el aspecto «maníaco» del problema de los Ovnis.*

3) *De lo que el doctor Condon me ha dicho y de diversas conversaciones que he tenido contigo y con otros investigadores que forman parte del Proyecto, he podido sacar en conclusión que el doctor Condon (cuyo gran prestigio afianza la confianza del público y de los hombres de ciencia respecto al Proyecto) no examina personalmente los testimonios importantes que constituyen, a fin de cuentas, todo el problema de los Ovnis desde hace veinte años...*

4) *¿Cómo puede (el doctor Condon) justificar sus repetidas alusiones al lado divertido de las historias de locos (sobre los Ovnis) mientras no demuestra ningún interés frente a los casos que parecen serios? No se trata en absoluto de chiflados del tercer Universo o de mujeres que aseguren haber tenido cinco intrigas amorosas con hombres de Venus, o de personas que predicen aterrizajes venusinos en Utah, o de quienes aseguran tener contactos con un planeta de Andrómeda (para remitirse a las anécdotas relatadas por Condon durante sus intervenciones públicas). No se trata de eso, no son en absoluto esas personas las que han creado el problema de los Ovnis. Estos últimos no son maníacos, sino pilotos, policías y otros observadores que parecen dignos de fe y cuyos informes sobre los Ovnis han «hecho andar las cosas»* (have kept the pot boiling...). *Condon parece estar fascinado por*

(1) Otro nombre del Proyecto Condon.

los casos situados en el extremo negativo del eje de credibilidad, mientras que el problema de la Air Force con los Ovnis se basa casi enteramente en casos situados en la extremidad positiva de dicho eje.

Cuando le hablé de lo que yo había encontrado en Australia haciéndole un recuento, no de historias de maníacos, sino de casos que me parecía que merecían una seria atención, el doctor Condon se adormeció tres veces durante mi exposición, y al final de la misma ni siquiera me pidió una información suplementaria... Por otra parte, cuando habló el 13 de setiembre en un simposio de Espectroscopia que se realizó en Washington [...] Condon consagró toda su exposición a contar historias de maníacos, de las cuales se estaba ocupando. Más recientemente, escuché las reacciones de un espectroscopista de John Hopkins que lo había escuchado y que me contó que Condon citó el caso de un platillómano (a contactee) *que le ofreció, a cambio de suma bastante abultada que debía ser depositada en un Banco, presentarle a toda una flotilla de Ovnis que le enseñarían todo lo que él quisiera saber...*

Las reacciones negativas del doctor Condon se repitieron a lo largo de numerosas entrevistas. En la Star Gazette *de Elmira (12 de enero de 1967), apenas tres meses después del comienzo del proyecto declaró: «En este momento me inclino a recomendar al Gobierno que deje sin efecto este asunto. En este instante mi convicción es que no hay nada que se pueda hacer.» El periodista, Olive, asegura que el doctor Condon agregó, con una sonrisa: «Pero igual se supone que el asunto no debe concluir antes de un año.»*

Otros comentarios del doctor Condon (1): *«Es como si fuera el jefe de un destacamento de bomberos que jamás ha recibido otra cosa que falsas alarmas [...] Todavía no hemos visto nada, nada de nada* (not seen a damn thing). *Le apuesto a usted que todo esto se explicará un día, cuando sepamos más que ahora sobre los fenómenos atmosféricos. Vea usted, todo el asunto no es más que una historia de locos* (the whole business is crazy).

He oído que algunos miembros del proyecto hacían alusión a un memorándum administrativo [...] relativo a la aceptación del contrato de la Air Force, evaluando los posibles daños que un

(1) Cf. entrevista con Peter Michelmore en el *Sun Herald* del 26 de noviembre de 1967.

contrato sobre los Ovnis podía causar en la imagen pública de la Universidad. Exijo ver dicho memorándum. En el documento del 9 de agosto de 1966, noto que tú indicas lo que sigue a los administradores de la Universidad, en cuanto a aquel contrato: Nuestro estudio debería ser conducido casi exclusivamente por incrédulos, quienes, al no poder demostrar, sin duda, un resultado negativo, podrán, y probablemente querrán fabricar un montón impresionante de pruebas que demuestren que no hay nada de real en las observaciones. La treta *(the trick),* sería, creo, organizar el proyecto de tal manera que, para el público, apareciera como un estudio totalmente objetivo; pero que, para la comunidad científica, correspondiera a la imagen de un grupo de incrédulos que están intentando hacer lo más posible para mostrarse objetivos, pero que al mismo tiempo consideran que la posibilidad de encontrar un platillo volante es casi igual a cero (1).

Interrumpo aquí la carta de Mac Donald. La última parte (el memorándum de Low) es asombroso. He aquí que vemos a unos universitarios que aceptan 300.000 dólares por un proyecto en el cual no creen (y lo dicen en público) y que indican, antes de empezar, cómo hay que hacerlo para que los resultados de dicho proyecto resulten negativos. Ésta es la razón por la cual el libro de Saunders y Harkins (*Ufos? Yes* [2]) que ahora tengo a la vista, hace, con todo derecho, en su última página una pregunta: «¿Ha sido estafado el público?» (*«Has the public been tricked?»).* La respuesta es afirmativa, sin duda alguna.

Como ustedes se figuran, Low y Condon encajaron muy mal las advertencias de Mac Donald y sobre todo la divulgación del famoso memorándum. La reacción que tuvieron fue simple y brutal. ¡Echaron a Saunders y a Lévine (3) por incompetencia! Entonces, los interesados se decidieron a hablar y éste fue el origen del libro citado más arriba llamado *Antiinforme Condon.*

(1) Ver en el apéndice el texto completo del memorándum de Low, pág. 227.
(2) Cf. la bibliografía de dicha obra.
(3) Lévine, otro colaborador del proyecto que se había solidarizado con Saunders.

EL ANTIINFORME CONDON

A decir verdad, un cierto número de hechos demuestra que el asunto había estado viciado desde su origen. Sin hablar de la actitud de Condon, hay que recalcar que la de Low no es más franca, incluso dejando de lado el famoso memorándum. Por ejemplo, Low se hizo pagar, con dinero del Proyecto, un «viaje de estudios» a Europa, donde todo el mundo creía que iría a visitar a aquellos que conservan registros de Ovnis y que, además, otorgan todas las garantías necesarias respecto a la seriedad, como por ejemplo, Charles Bowen en Inglaterra y Aimé Michel en Francia, cuyos libros sobre los objetos volantes no identificados son conocidos y justamente apreciados. ¡Pero no! Low, en cambio, fue a visitar el Loch Ness explicando que ese hecho no dejaba de tener relación con los Ovnis, puesto que el monstruo de Loch Ness no existía, igual que no existían los Ovnis y que era importante observar cómo, también en el caso del monstruo, había gente a la que se le ocurría estudiar una cosa que no existía.

LA ACTITUD DE LA AIR FORCE

Se ha intentado, a veces, explicar la hostilidad de Low y de Condon por el hecho de que los dos estaban de acuerdo con la Air Force, que a su vez estaba deseosa de enterrar a los Ovnis por 300.000 dólares. Esta suposición les parecerá exorbitante a algunos, aunque si se la observa más detenidamente puede comprobarse que la actitud de la Air Force parece, por lo menos, insólita.

Para empezar, tenemos la historia de los radares. Algunos platillófobos siguen creyendo actualmente que el radar, por ser un instrumento inaccesible a las «alucinaciones colectivas», no ha «visto» aún un solo platillo. Esto es un error. Al contrario, los radares los han visto en un número incontable de ocasiones, muchas veces al mismo tiempo que los observadores que se hallaban en tierra, a veces independientemente de los mismos. Son los operadores de radar los que señalan la presencia de Ovnis por el canal de sus bases. Son éstas las que advierten directamente a los organismos competentes, como el NICAP (1), que centraliza los informes aéreos sobre los Ovnis. También puede observarse que los informes de dichos observadores han desaparecido de las fichas. Por ejemplo, en la base de Duluth, en Redmont (Oregón), el 24 de setiembre de 1959; en Red Bluff (California), el 13 de agosto de 1960; en Patuxent Naval Air Station, el 19 de diciembre de 1964 y, sobre todo en la Andrews Air Force Base, los días 19 y 20 de julio de 1952.

Una de las más bellas historias a este respecto es la de un piloto, el coronel Chase, que los días 19 y 20 de setiembre de 1957 volaba en un «B-25» en una misión muy especial: localizar electrónicamente los radares que se hallaban en el suelo. De repente, la tripulación del avión se dio cuenta de que la instrumentación electrónica compleja que debía localizar los radares había sufrido inexplicablemente una avería, primero en una frecuencia y en seguida en otra. En este momento, los tripulantes vieron, delante de la cabina de mando del aparato, a un Ovni brillante que seguiría acompañando al avión unos centenares de millas. El Ovni y el «B-25» fueron vistos distintamente y separadamente por muchos radares de tierra e igualmente el Ovni fue seguido por el propio radar del «B-25». Una vez estuvieron de vuelta, los tripulantes fueron interrogados por los servicios de contraespionaje de la Air Force. En seguida, todos los informes al respecto desaparecieron. Ahora bien, el copiloto, el piloto y el operador del radar fueron interrogados en seguida y por separado por los investigadores del propio Condon a los que dieron respuestas indudablemente similares. (Véase figura 17, fuera de texto.)

Por lo tanto, había algo que la Air Force ocultaba. ¿Por qué?

(1) N.I.C.A.P.: «National Investigation Committee Aerial Phenomena.»

EL OBJETO DE UBATUBA

Objeción esencial de los antiplatillistas: Traigamos un solo pedazo de esas máquinas y les creeremos. Habiendo hablado de esta forma, ellos se sienten tranquilos. Equivocadamente, puesto que esos pedazos existen, incluso han sido analizados. La historia ha sido magníficamente relatada por Coral Lorenzen (1) y David Saunders.

Un periodista, Ibrahim Sued, escribió en 1957, en *O Globo,* el gran periódico de Río de Janeiro, la siguiente historia, de la cual se había enterado mediante uno de sus corresponsales.

Yo estaba pescando con algunos amigos cerca de Ubatuba, en el Estado de São Paulo, cuando me di cuenta de la presencia de un platillo volante. Venía desde la playa a una velocidad increíble y parecía inevitable que se estrellara en el mar. En el último momento, sin embargo, el vehículo ejecutó un viraje en un ángulo muy agudo hacia lo alto y empezó a subir a una velocidad fantástica. Asombrados, seguimos el espectáculo con la mirada hasta que vimos que el platillo estallaba en un haz de llamas. Se desintegró en millones de pequeños fragmentos que cayeron lanzando unos destellos magníficamente brillantes. Brillaban como fuegos de artificio, a pesar de que el día estaba en todo su esplendor, puesto que era cerca de mediodía [...] *Casi todos los fragmentos cayeron en el mar, aunque un cierto número de pequeños pedazos cayó cerca de la playa, gracias a lo cual pudimos obtener una gran cantidad de ellos. Eran ligeros como el papel. Le envío a usted una pequeña muestra.*

(1) Coral Lorenzen, animadora del «Aerial Phenomena Research Organisation» (A.P.R.O.), la más antigua y activa organización americana de investigación sobre los Ovnis. Cf: *The Great Flying Saucers Hoax* (Nueva York, Witham Frederick Press, 1962) y *Ufos over America,* escrita con Jim Lorenzen, director del A.P.R.O. (Nueva York, Signet Books, 1968).

Sued le pasó la muestra al doctor Olavo Fontes (1), hombre de ciencia brasileño de reconocido prestigio, que se interesaba por el problema de los platillos volantes. He aquí cómo los describe el doctor Fontes:

La superficie de los trozos no era lisa y pulida, sino muy irregular y parecía oxidada. Si se trataba realmente de metal, su aspecto sugería que habían sido arrancados de una masa más voluminosa. La superficie de una de las muestras estaba horadada por unas grietas casi microscópicas, siempre longitudinales. Sobre una de las caras se podía ver incluso una larga grieta longitudinal que cubría poco menos de las dos terceras partes de la longitud del objeto, como si se hubiera quebrado bajo la acción de una fuerza indeterminada. Las otras muestras no mostraban muchas grietas o fisuras, pero su superficie estaba cubierta, en algunos sitios, por una capa muy delgada de un material blancuzco y reducido a polvo. Este polvo fino y seco estaba adherido al sustrato, aunque era posible desplazarlo usando simplemente la uña del pulgar. Rellenaba las grietas y las fisuras de la primera muestra. Presentaba cierta semejanza con las cenizas pulverulentas de un rescoldo de carbón de madera, como si los fragmentos hubieran sido calcinados o hubieran estado expuestos a un calor excesivo [...] *El material era ligero, mucho más ligero que el aluminio.*

Fontes sometió la sustancia, para su análisis, al Laboratorio de producciones minerales, que constituye una división del Ministerio de Agricultura brasileño. El análisis espectrográfico demostró que se trataba de magnesio en un alto grado de pureza, sin ningún otro elemento metálico. El análisis por difracción con rayos X confirmó que aquel magnesio era de una pureza inhabitual. Se encontraron también pequeñas cantidades de magnesia. La densidad era de 1,866. Si se hubiera tratado de una muestra de magnesio puro tal como se puede preparar en nuestro planeta, su densidad habría debido ser de 1,741.

Fontes envió otra muestra a Lorenzen para que realizara unas pruebas suplementarias. Después de diversas vicisitudes, el frag-

(1) Fontes (Olavo), doctor en Medicina brasileño, precursor de la investigación «ufológica» en América del Sur, miembro de la oficina del A.P.R.O. Ha escrito numerosos artículos en la *Flying Saucers Review*, de Londres, y en el Boletín del A.P.R.O.

mento fue sometido a un análisis por activación neutrónica. La técnica consiste en colocar el objeto en una pila atómica donde se somete a una saturación de neutrones, lo que lo convierte en radioactivo.

Después bastó examinarlo en el espectrógrafo de masas que es bastante sensible para discernir cantidades ínfimas de materia, por ejemplo en un porcentaje de una parte en un millón. Esta técnica no estaba suficientemente a punto en 1957 para que el objeto de Ubatuba pudiera ser sometido a ella. He aquí los resultados, tales como los dio a conocer el doctor James A. Harder, del departamento de Ingeniería civil de la Universidad de California:

El magnesio el fragmento es puro en un 99,9 por ciento. No contiene más que una milésima parte de impurezas que contienen 500 partes por un millón de estroncio, otro tanto de cinc y candades aún inferiores de bario, magnesio y cromo.

Pero lo más curioso es lo que las muestras no contienen. Si, por ejemplo, el fragmento fuera de magnesio terrestre ultrapuro, debería contener un poco de aluminio o de cobre o las dos cosas y, sin embargo, no hay ni trazas. A lo sumo debería existir un poco de calcio, la impureza más difícil de eliminar, y no se encontraron ni vestigios. En todo caso, para eliminar el calcio hubiera sido necesario emplear un crisol de cuarzo, lo que inevitablemente entrañaría una polución de silicio en muy pequeñas cantidades. Pero no hay huellas de silicio en el fragmento. Por otra parte, la mejor técnica de purificación conocida en 1957 era la sublimación bajo un vacío extremo que no puede ser producido más que por una bomba de mercurio, lo que obligatoriamente arrojaría una polución, en pequeñas cantidades, de dicho metal, pero no hay trazas de mercurio en el fragmento de Ubatuba. Además, el material está formado por un ensamblaje de cristalizaciones hexagonales, lo que le confiere una gran resistencia mecánica. Agreguemos que en 1957 no se sabía producirlas y mucho menos en un magnesio tan puro. Incluso ahora se podría afirmar que este material fue preparado con la ayuda de una técnica desconocida en la Tierra. Añadiría sin darle demasiada importancia, que algunos fragmentos del objeto fueron examinados por uno de los colaboradores en el proyecto Condon, que encontró que se trataba de magnesio bastante corriente, excepto por el hecho de ser anormalmente rico en estroncio. Pero respecto al Proyecto Condon, todo el mundo ha comprendido lo que hay que pensar...

LA ORTOTENIA

Uno de los puntos más curiosos de la «ovnilogía», como dice Aimé Michel, es uno de sus propios descubrimientos, el llamado la *ortotenia*. Hace muchos años, Michel hizo notar que, señalando en un mapa los puntos en los cuales los Ovnis habían sido observados, podía comprobarse que un gran numero de ellos se hallaban en líneas rectas (1). Este hecho tan singular e inexplicable *a priori* (y que excluiría radicalmente la hipótesis de la alucinación) ha sido intensamente discutido y criticado en el plano de la estadística. Esto es normal, y no hay por qué sorprenderse de que se produjera.

En primer lugar las críticas procedían del astrofísico Menzel. Es un hombre de ciencia muy estimable, pero con un defecto: cuando se habla de platillos volantes, se vuelve loco. Dudo incluso que Menzel tolere la utilización de platillos debajo de las tazas de café. Ha escrito por lo menos dos libros (2) llenos de refutaciones cercanas al exorcismo para acabar señalando que no hay nada, nada de nada, y que si hubiera algo sería indecente. Como han hecho notar algunos maliciosos críticos americanos, el doctor Menzel «es uno de esos raros autores capaces de escribir dos volúmenes sobre nada». A un investigador del Proyecto Condon que le preguntó qué haría si se le entregara un documento que probara irrefutablemente la existencia de los Ovnis, Menzel le contestó: «¡Lo tiraría al cesto de los papeles!» Se trata de un maníaco, digno de los maníacos del campo opuesto. Ha criticado a Michel de la manera más ofensiva, pero el otro lo puso furioso deslizando

(1) Sobre la principal de dichas líneas han sido señaladas seis localidades en las que fueron observados platillos volantes. Esta línea ha sido llamada BAVIC (De BAyona a VIChy).

(2) Cf. Menzel (Donald), *Flying Saucers* (Cambridge, Harvard University Press, 1953) y *UFO, fact or fiction* (Cambridge en 1967). En colaboración con Lyle G. Boyd, *The World of flying Saucers* (Nueva York, Doubleday, 1963).

toda clase de especies maliciosas en su respuesta, y especialmente llamándolo «Tío Donald». El doctor Menzel detesta visiblemente que se le confunda con un personaje de Walt Disney.

De todos modos, algunos de sus argumentos estadísticos no estaban desprovistos de valor. Tampoco lo estaban los del astrónomo Jacques Vallée (1), que por otra parte es amigo de Aimé Michel, sin estar por esto de acuerdo con todas sus tesis. La discusión es complicada, extremadamente técnica, demasiado técnica como para que yo la exponga aquí. Se remite, evidentemente, al problema siguiente: dados *x* puntos colocados al azar sobre una superficie *y*, ¿cuántas posibilidades hay de que *n* de esos puntos se encuentren en una misma línea recta? Evidentemente, si *n* corresponde a tres puntos, el buen sentido indica que los mismos aparecerían alineados en multitud de casos. Pero si *n* = 6 ó 7, como lo es en la línea BAVIC, esto ya aparece como mucho más improbable. Los autores no están todos de acuerdo sobre el mejor método a emplear para evaluar dicha improbabilidad. Vallée ha realizado un simulacro con un ordenador, proyectando varios puntos sobre una superficie de forma comparable a la de Francia. El resultado de este experimento lo hace ser escéptico sobre la ortotenia, aunque no considera que sus trabajos sean una refutación de la teoría. Más adelante se leerá el trabajo de Saunders, que es el más reciente y que yo creo que se debe exponer *in extenso* a pesar de su carácter extremadamente técnico.

Pero, aparte de todos sus cálculos, Michel ha dado una respuesta muy penetrante a sus contradictores, pero a la que no se le ha prestado una atención suficiente (2). Menzel lo regañó respecto a la precisión de los puntos colocados sobre la línea BAVIC y sugirió que no definían en absoluto una auténtica línea, sino más bien un corredor. En estas condiciones, siendo las paredes de un corredor imaginario indefinidamente extensibles, la estadística estaría de acuerdo tantas veces como uno quisiera. Ésta era la argumentación de Menzel. Si hubiera una línea, este hecho sería bastante molesto, ya que tendería a demostrar la existencia

(1) Jacques Vallée, matemático del Stanford Research Institute, *Anatomy of a Phenomenon* (Chicago, Regnery, 1965). Con Jeanine Vallée (estadística), *Challenge to Science* (Chicago, Regnery, 1965). Citemos también *Fenómenos insólitos del espacio*, París (La Table Ronde, 1966).

(2) Ver el artículo de Aimé Michel en *Flying Saucers Review*, tomo II, mayo-junio 1965, páginas 12 y siguientes.

de un fenómeno objetivo. Pero en este caso no debería haber ningún fenómeno objetivo, puesto que los platillos volantes no existen. Por lo tanto, un corredor debe remplazar la línea BAVIC para que los cálculos de Michel se conviertan *ipso facto,* en algo caduco. He aquí la respuesta de Michel:

Habiendo leído en los diarios que hubo gente que vio cosas en Bayona, Lencowacq, Tulle, Ussel, Gelles (1) *y Vichy, hemos querido saber dónde se encontraban exactamente esas cosas sobre el terreno mismo, y de la manera más precisa, si fuera posible medidas al centímetro. En ciertos casos, los diarios locales bastaban para darnos la información exacta: por ejemplo en Lencouacq la Prensa decía que el testigo había visto al objeto en el suelo, en un campo que hay detrás del presbiterio. En el mapa del Estado Mayor se ve el plano de dicho pueblo. Escribimos al alcalde de Lencouacq pidiéndole que hiciera indicar por el testigo, con toda precisión, trazando una cruz en el mapa, cuál es la posición exacta del campo, todo ello en una ampliación del mapa del Estado Mayor. De esta forma, por lo que respecta a Lencouacq, se conoce la posición del objeto casi con absoluta exactitud, y también su posición sobre el mapa del Estado Mayor, con un grado de precisión que es semejante al del observatorio de París.*

...El Ovni había pasado sobre la parte sur de Vichy. Por lo tanto, era preciso averiguar dónde se encuentra el terreno de juego, puesto que los testigos, miembros del equipo de rugby de Vichy, habían visto al objeto volante «por encima de dicho terreno.» Sin embargo, en esta ocasión nos encontramos en un callejón sin salida, puesto que en el mapa de Vichy el estadio deportivo se encuentra al norte de la ciudad. Esta dificultad fue notada por primera vez por Jacques Roblin, el director técnico de las ediciones Arthaud, a quien yo había entregado mi manuscrito y que había comprobado minuciosamente todos mis mapas. Afortunadamente, el azar quiso que la imprenta de las ediciones Arthaud se encontrara justo en Vichy. En el curso de un viaje a dicha ciudad, Roblin pasó por el club de rugby y pidió que le dejaran consultar la agenda. En la fecha del 24 de setiembre de 1954 pudo leer que solamente aquel día el equipo había realizado un partido de entrenamiento en el terreno del viejo campo de Tiro de Pichón, que

(1) Lencouacq es un municipio de las Landas. Gelles está en el Puy-de-Dôme.

se encuentra justamente al sudoeste de la ciudad. Sobre el mapa en escala 1/200 000, la línea BAVIC pasa por encima de aquel terreno, sin error apreciable.

Se convendrá que es difícil no sentirse impresionado por la respuesta de Michel a Menzel.

LOS CORTES DE CORRIENTE Y LOS OVNIS

Si bien las estadísticas de Poher no incluyen muchos casos en los cuales los motores de los automóviles se hayan detenido a causa del paso de un Ovni, en cambio es un hecho que se tiene en cuenta frecuentemente en otras estadísticas. Smith (1) se dedicó a estudiar un problema del mismo tipo, aunque quizás aún más curioso: saber si existía una correlación entre los cortes de corriente registrados en los Estados Unidos y las observaciones de platillos volantes. Para lograr este fin, Smith disponía de un documento emitido por la «Federal Power Commission» que guarda un registro riguroso de los cortes de 15 minutos y más en voltajes de 69 kW y más, entre 1954 y 1966: un total de 148 cortes importantes. Con una sola excepción, el año 1956, la curva de los cortes de corriente seguía estrechamente a la gráfica de las apariciones de Ovnis. Teniendo en cuenta los cortes que se explican muy bien sin invocar a los Ovnis (por ejemplo la caída de un árbol sobre la línea), la correlación, de todos modos, es asombrosa. ¿Cómo explicarla?

Muy recientemente (en 1971), el psicólogo D. R. Saunders ha reanudado el asunto, especialmente en lo que concierne a la famosa línea Bayona-Vichy (BAVIC) sobre la cual se encuentran alineadas seis observaciones de platillos volantes.

Evidentemente, el nudo de la cuestión es la probabilidad de que seis de estos puntos se puedan encuentran en línea recta sólo debido al azar. Pero existen muchos métodos para evaluar

(1) A.P.R.O. *Bulletin*, marzo-abril de 1970.

dicha probabilidad. Para establecer si la línea BAVIC es correcta, Saunders empezó por investigar dos valores: el primero, la cantidad de informaciones I_0 que comporta la «linearidad» de dichos seis puntos, y la segunda, la cantidad de informaciones I_e que podría sugerir el hecho de que esos seis puntos fueron extraídos de un montón de puntos debidos al azar. Si I_0 supera a I_e en una cantidad suficiente, se podrá sacar la conclusión de que se trata de un fenómeno interesante. Evidentemente, dicha «cantidad suficiente» denota un poco de apreciación personal, ya que su nivel depende de una elección individual. Sin embargo, si convenimos que debería ser igual a 10 bits (1), no parece que se nos pudiera acusar de favorecer en exceso la tesis de Michel.

LA HISTORIA DE SANTA ANA

A pesar de todo, había investigadores honestos en el Proyecto Condon, e incluso podríamos agregar que todos se esforzaban en ser objetivos, excepto precisamente el director y el subdirector, lo cual es muy molesto...

Un ejemplo preciso de una investigación cuidadosamente dirigida es la que tiene que ver con el objeto de Santa Ana. Voy a hacer ahora un largo extracto del informe Condon (2).

Caso 52. Santa Ana, California. 3 de agosto de 1964. Investigador: Hartmann.

Resumen: Durante sus horas de trabajo, un vigilante de tráfico ha observado que su radioteléfono se había averiado justamente antes de que un disco de apariencia metálica cruzara volando por encima de la carretera frente a él. El vigilante sacó tres fotografías antes de que el disco desapareciera emitiendo un anillo de humo y recorrió la carretera durante una milla fotografiando la nube de humo. Las pruebas en lo que concierne a la realidad del objeto no son concluyentes y carecen de consistencia interna.

(1) *bit*: unidad de información:
(2) Cf. *Condon Report: Scientific Study of unidentified flying Objects* (Bantam Books, 1969, página 437).

Localización: Fecha: 3 de agosto de 1965. Hora: aproximadamente, las 12.37 PDT (unos informes precedentes indicaban las 11.30 PDT, pero más tarde dichos informes fueron corregidos y la hora fue fijada en las 12.30, basándose en el estudio de la sombra de los postes de teléfono. El observador no llevaba reloj).

Posición: Myford Road, Santa Ana, California, aproximadamente 0,3 millas al SO de la autopista *(Freeway)* de Santa Ana ENE a Santa Ana USM Air Facility y en la zona de vuelo de El Toro Marine Corps Air Station.

Terreno: Tierra de cultivo, llana.

Condiciones atmosféricas: Según el observador que estaba en tierra, no hacía viento y una ligera bruma algo por encima del suelo. G. W. Kalstrom, meteorólogo del aeródromo de Los Ángeles, escribió:

No tenemos observaciones de Santa Ana a las 11.30 de la mañana, pero los informes de los alrededores permiten señalar un cielo brumoso y una visibilidad de dos millas y media a cinco millas sobre un plano horizontal, reducida por la neblina y el humo. Más temprano, por la mañana, el cielo había estado cubierto, pero las nubes se habían disipado dejando mucha bruma. Las fotografías sugieren la presencia de bastante niebla y bastante bruma. El investigador visitó el lugar el 9 de setiembre de 1967 y encontró una espesa niebla aparentemente comparable a la que se nota en las fotos del testigo, por lo que estimó que la visibilidad era de una o de dos millas.

Informes meteorológicos de El Toro Marine Base, Long Beach, Los Ángeles, etc. (Sigue un análisis, detallado con gráficas de dichos informes en diferentes lugares.)

Tiempo más probable cerca del lugar de observación a las 11.30 de la mañana del 3 de agosto de 1965.

A las 11.30 de la mañana del 3 de agosto de 1965, la nubosidad debía estar limitada al océano y a una estrecha franja de tierra cerca de la costa, donde la corriente de aire podía retener las nubes antes que el calor de la tierra las disipara. Sobre el borde anterior, terrestre, de las nubes, el estado nuboso cambia rápidamente de «completamente cubierto» a «nubes gruesas», después a «nubosidad escasa» y después a «cielo claro». Algunas pequeñas nubes pueden aparecer y desaparecer rápidamente. Esta desaparición es causada por el cambio de estado del agua líquida en vapor cuando se mezcla con las masas de aire más cálidas de los alrededores.

El borde anterior de las nubes dispersas debe limitarse a la costa a lo largo de la autopista de Santa Ana, a una distancia de 4/8 millas de las observaciones. La visibilidad de superficie en Long Beach y en El Toro Marine Corps Air Station estaba limitada a cinco millas a las 11.30 de la mañana. Por este motivo, las raras nubes que pudieran haber sido observadas no podían presentar otra cosa que un contorno bastante mal definido, dado que no se las podía distinguir de la bruma salvo a muchas millas. En el interior del lugar, con referencia a la autopista de Santa Ana, el cielo debía estar absolutamente libre de nubes.

OBSERVACIONES. INFORMES GENERALES

El 3 de agosto de 1965, el testigo, inspector de tráfico Tech 2 para el «Orange County Road Department» de California, iba conduciendo en dirección SO por la ruta de Myford en su coche oficial, un «Ford Vanbus», observando el excesivo crecimiento de la vegetación a lo largo de la ruta. El inspector viajó al SO por la ruta Myford, dio una vuelta, después pasó lentamente en dirección NE, a unas cinco millas por hora, yendo sobre la derecha de la ruta de Myford aproximadamente a 0,3 millas al SO de la autopista de Santa Ana.

PERTURBACIONES RADIOFÓNICAS

Alrededor de las 12.30 PDT, el testigo comenzó a tener contacto por radio con Orange C. Road Maintenance. Según el testigo, la estación de base n.º 8, East Fruit Street, apenas recibió tres palabras antes que la radio quedara completamente muerta. Más tarde, un investigador de la Air Force anotó, en sus registros de observaciones, que «el testigo declaró que había intentado utilizar de doble curso por lo menos una o dos veces antes de ver al Ovni y que no había podido enviar señales ni recibirlas a pesar de que las lamparillas del aparato indicaban que estaba funcionando. Un cuestionario detallado demostró que todo eso ocurrió antes de que el Ovni estuviera a la vista y no durante su paso».

El «Road Maintenance Superintendent» y el superior del testigo estaban los dos en un coche por las cercanías, el primero a media o a una milla de distancia del testigo sobre la autopista de Santa Ana [...] y dijo que había escuchado el comienzo de la transmisión, pero que después de tres o cuatro palabras, se cortó bruscamente. Indicó que aquel corte no se parecía a las perturbaciones o interferencias normales de la radio. El corte no podía haberse producido simplemente accionando el interruptor. La Santa Ana PCC Facility no registró, durante aquel día, interferencias en las frecuencias involucradas.

OBSERVACIONES VISUALES Y FOTOGRAFICAS. DESCRIPCIÓN DEL OBJETO

El testigo declara:

En aquel momento me di cuenta de la presencia del Ovni, aunque al principio creí que se trataba de un avión convencional... El Ovni vino desde mi derecha hacia delante de mí y se estabilizó momentáneamente en aquel lugar. En este instante, yo cogí mi cámara (una polaroid semiautomática, modelo 101) de encima del asiento del coche y saqué la primera foto a través del parabrisas.

Entonces, el objeto se desplazaba lentamente hacia el NE. Tomé la segunda foto a través del vidrio de la portezuela derecha, y fue entonces cuando vi el haz de luces giratorias que era emitido desde la cara inferior del Ovni.

El Ovni se colocó en otro ángulo y yo pude tomar entonces la tercera foto a través del mismo cristal de antes...

En su desplazamiento, el Ovni se mantenía relativamente a una misma altura (50 metros) en relación al terreno llano. No obstante, se comportaba como un giróscopo que estuviera perdiendo estabilidad. El Ovni siguió desplazándose ganando altura lentamente y apuntando ligeramente su vértice en mi dirección.

Ya parecía más estable, y de pronto aumentó su velocidad y su altura muy rápidamente dejando una estela de vapor que parecía humo. Este humo era azul-negro y tenía la forma de un círculo, como si hubiera sido emitido por el borde del Ovni. El anillo de humo se mantuvo en el aire 30 segundos. El Ovni desapareció en dirección Norte, por detrás de la montaña de Saddleback (que en los mapas se señala como Santiago Peak) y Modjeska.

Un cuestionario más detallado permite añadir los puntos siguientes:

La cámara utilizada era el modelo standard que usaban los oficiales del «Orange Co. Road Departament»: una F. L., 114 mm, abertura variable de f:8 a f:32; formato de las imágenes: de tres pulgadas y cuarto por cuatro pulgadas y cuarto; velocidad de obturación: «desconocida pero variable» (!); película en blanco y negro, 3000 ASA, con un luxímetro incorporado que ajusta automáticamente la velocidad de obturación y la abertura. Sus únicos botones sirven para regular el negro y blanco o el color y para hacer funcionar el disparador.

Se intentó averiguar si el testigo pudo, a la vez, haber observado al Ovni, haber detenido su coche y haber sacado tres fotos entre 15 y 25 segundos. Sin embargo, más adelante pudo comprobarse que un hombre experimentado puede, muy fácilmente, tomar 3 fotos en 12 segundos con una cámara de este tipo.

El incidente fue reconstruido dos años más tarde con un investigador acompañado por el testigo y por numerosas personas en un automóvil idéntico y con una cámara idéntica.

El testigo declaró al investigador que no puede estar seguro de haber visto el humo antes de haberse vuelto a poner en marcha por la carretera. Cree haber puesto el motor en marcha antes de haber hecho las fotografías, pero no puede recordar el momento en que lo detuvo. Cree que no volvió a ver el Ovni después de la aparición del humo.

El aspecto del Ovni puede ser estimado por las fotos. Su diámetro angular estimado según la primera fotografía era de 2,4°. El testigo admite que el objeto tenía diez metros de diámetro y que se hallaba a una distancia de 1/8 de milla, lo que correspondería a un diámetro angular de 3,5 grados.

Interrogado respecto a la parte inferior del Ovni, acerca de las estructuras particulares o de las aberturas que hubiera podido distinguir, el testigo repuso:

—Lo único que vi fue un haz de luz blanca emitido desde el centro y que describía un círculo en torno al borde exterior de la máquina.

Según el informe de la Air Force el testigo creía que la duración total de la observación había sido de unos 15 segundos. Pero, basándose en un «test» referente a las capacidades de medir el tiempo que tiene el observador, podía estimarse que la duración debía estar más cerca de los 25 segundos [...] Próxima al lugar indicado por el testigo, a la izquierda de la ruta de Myford, hay una fila de naranjos y detrás de la misma unos hilos telefónicos, lo que está de acuerdo con la foto número 4. El observador debía de enfocar hacia el NO por encima de esos árboles.

DESPUÉS DE LA OBSERVACIÓN

El testigo no mencionó inmediatamente la avería de la radio. Más adelante, ya avanzada la tarde, en el momento en que la oficina iba a ser cerrada, el testigo enseñó a su jefe las tres primeras fotografías, y no la otra relativa al anillo de humo. Otra persona declaró que el testigo la llamó aparte para enseñarle la cuarta foto que había dejado en el coche y cree recordar que el testigo le dijo: «Ya está bien con tres para un solo día», y que la historia era ya tan increíble como todo aquello.

LAS OBSERVACIONES POR RADAR

Los investigadores de la Marina declararon que ningún Ovni había sido observado por la Marine Corps Air Facility en el momento indicado por el testigo. El servicio en cuestión es una base de dimensiones reducidas que se halla en las cercanías de Myford, pero su radar no es utilizado sino ocasionalmente. Los oficiales interrogados el 15 de enero de 1968 no fueron capaces de determinar si su radar había sido utilizado el 3 de agosto de 1965.

No obstante, podía considerarse también el radar de control aéreo de El Toro M. C. Air Station. El doctor J. E. Mac Donald y el investigador del Proyecto Condon examinaron aquel radar en el que la exploración se efectúa en 4 segundos y que no registra más que los objetos en movimiento. Un Ovni que mostraba las características descritas por el testigo había sido captado por dicho radar. Pero el operador no había podido señalarlo porque lo había confundido con un automóvil. (Se distinguía netamente, en el aparato, el desplazamiento de los camiones por la ruta de Santa Ana.) Además, todo el tiempo comprendido entre las 3 fotos no incluía más que una sola exploración de radar, o poco más. Y, finalmente, si el Ovni volaba a una velocidad moderada, sin duda se le hubiera confundido con un avión pequeño (1).

LA NUMERACIÓN DE LAS FOTOS

Las películas Polaroid tienen números impresos en el dorso de cada fotografía. Sería importante tener la prueba de que las cuatro fotos forman una sola secuencia continua. Pero nadie recuerda cuáles eran estos números. De todos modos, el testigo ha asegurado que no había ningún número en el dorso de las fotos. La casa Polaroid, interrogada por J. E. Mac Donald, respondió: «Los números nunca han sido omitidos deliberadamente. Si el filme tipo 107 en cuestión no los tenía, la causa del problema debe de ser una extraña negligencia.»

Sin embargo, el testigo demostró a los observadores que el filme utilizado durante el período de observación no llevaba, efectivamente, ningún número.

LA ACTITUD DE LA AIR FORCE

El 4 de octubre de 1965, el experto en fotografía del NICAP, Ralph Rankow, presentó un informe concluyente en cuanto a la autenticidad de la foto. El 17 de octubre de 1965, la Air Force emitió un comunicado oficial discutiendo las dimensiones del Ovni según habían sido estimadas por el testigo.

(1) Esta discusión detallada demuestra cómo es posible responder exactamente a lo que sea, siempre que uno se atenga estrictamente a los hechos materiales. ¿No hubo Ovnis detectados por radar?: 1) no se sabe si alguno de esos radares estaba en funcionamiento aquel día, y 2) el que funcionaba seguramente no hubiera podido captar un Ovni...

La evaluación se funda en unas ampliaciones provenientes de copias de los originales. Puesto que no es posible distinguir el tamaño de un objeto a partir de la película que nos ha sido suministrada, la opinión de la Air Force [...] *es que la cámara estaba probablemente ajustada para una cierta distancia y no para el infinito, toda vez que el plano de fondo del terreno está fuera de foco. La línea blanca central sobre la carretera y sobre el objeto es muy nítida. Es por esta razón por lo que creemos que el objeto estaba sobre un mismo plano que la línea blanca central, o aún más cerca de la cámara, y no podía, por lo tanto, tener el tamaño citado en el informe. Utilizando como referencia la longitud de la carretera puede estimarse el tamaño del objeto entre 33 centímetros y un metro y su altura entre 5 y 7 metros por encima del suelo.*

En el párrafo final se agrega:

El servicio de análisis de fotos y de revelado fotográfico ha improvisado un test *cuyo resultado puede ser comprobado según las fotos adjuntas. El objeto que se observa en las mismas tenía 9 pulgadas de diámetro y había sido lanzado al aire a unos dos o cuatro metros de altura, a una distancia de cinco o siete metros* [...] *Puede comprobarse una semejanza sorprendente entre el objeto de nuestra foto y el objeto de la foto del testigo.*

El 27 de octubre de 1965 el comandante Quintanilla (cuya platillofobia lo impulsa a las peores tonterías) declaró en el Registro de Santa Ana Register que la Air Force había clasificado la foto como un trucaje *(hoax)* fotográfico después de un análisis fotográfico detallado.

Ralph Rankow, el experto del NICAP expresó en seguida su absoluto desacuerdo. El 1.º de noviembre de 1965, Rankow y Don Berliner, otro fotógrafo especializado en fotografía de aviación, publicaron un comunicado en el que calificaban la conclusión de la Air Force como «insulto a la inteligencia del público [...] El testigo tiene una situación de responsabilidad, y se encuentra extremadamente molesto ante la acusación de trucaje sin pruebas [...] Pedimos, por nuestra parte, un examen independiente de las fotos que sea realizado por un experto calificado». El 9 de diciembre de 1965 el Santa Ana Register publicó una carta del coronel William E. Poe, de la Air Force, en la que se decía: «Nunca hemos clasificado al fotógrafo entre los tramposos.»

CONCLUSIÓN

Dejo al lector la tarea de apreciar una vez más la actitud de la Air Force. Si me he extendido hasta tal punto sobre el asunto de Santa Ana es simplemente para convencer a ustedes de que una investigación respecto a los Ovnis no es cosa sencilla. Los prejuicios de los unos y de los otros juegan desde el principio. No hay nadie que sea objetivo. Sin duda existen platillófilos más o menos dementes. Lo repito una vez más, es un hecho evidente que nadie lo ha negado nunca. Pero no se habla de los platillófobos no menos dementes, dispuestos a todo, incluso a las mentiras más groseras, con tal de exorcizar su obsesión, la posible existencia de los Ovnis. (Véase figura 14, fuera de texto.)

ANEXOS

EL MEMORÁNDUM DE LOW

9 de agosto de 1966: Memo para *E. James Archer y Thurston E. Manning,* de *Robert J. Low.*
Asunto: *Algunas consideraciones sobre el Proyecto Ovni.*

He reflexionado respecto al Proyecto Ovni y he hablado del mismo con un buen número de interlocutores. He aquí algunas ideas sobre el asunto.

Branscomb está completamente en contra. Gordon Little piensa que sería un desastre. Igualmente se opone George Benton. Sus argumentos se remiten a lo que sigue. Para emprender un estudio semejante, el método de acercamiento debe ser objetivo, es decir, que se hace necesario admitir la posibilidad de que exista algo como los Ovnis. Considerar seriamente una posibilidad semejante no es en absoluto respetable. Por otra parte, los creyentes siguen siendo unos parias. Branscomb sugiere que si determinadas observaciones fueran comprobadas, haría falta llegar al punto de admitir que los Ovnis se comportan siguiendo unas leyes físicas desconocidas. El simple hecho de admitir esas posibilidades, incluso tan sólo como posibilidades, nos desterraría de la ciencia y nos haría perder mucho más prestigio entre la comunidad científica que el que podríamos ganar llevando a cabo dicho proyecto. Little señaló que a veces se han realizado algunas cosas de este género, cuando de veras existía una necesidad nacional, y que se habían llevado a cabo a pesar de las posibles consecuencias adversas. Pero en este caso no existe ninguna necesidad nacional. Branscomb compara la situación a la situación de Rhine y del ESP en la Universidad de Duke.

Por otra parte, Walter Roberts está completamente a favor del Proyecto. Ha intentado implicar en el mismo a Walter Kellog, que es el director asociado del Laboratorio de Ciencias atmosféricas. Kellog está muy interesado y casi a punto de consentir, pero ha pensado que estaba demasiado involucrado en el asunto para poder aceptar. Kellog esperaba que nosotros aceptaríamos. Dijo que había recibido noticias de que la Universidad de Colorado es realmente la primera elección de la Air Force. Piensa, al revés que Little, que hay una necesidad urgente de emprender estas investigaciones y que nosotros ganaremos mucho prestigio entre los círculos autorizados si llevamos a cabo este servicio urgente. Ha dicho que debíamos hacerlo honestamente, objetivamente y desde un punto de vista crítico, evitando la publicidad y todo lo que se le parezca. Pero aceptar el Proyecto no va a colocarnos dentro de la categoría de los científicos dementes.

Branscomb dijo que más valdría que la Academia Nacional cogiera el contrato de la Air Force y que luego nos entregara el dinero para efectuar el trabajo en calidad de subcontratados. Cree que este sistema sería mucho mejor, y yo estoy de acuerdo con él.

COMENTARIOS

La analogía con el ESP, Rhine y la Universidad de Duke no es válida más que parcialmente. Los estudios de Duke fueron realizados por creyentes que, después de haber terminado, no lograron convencer a casi nadie. Nuestro estudio será conducido casi exclusivamente por no creyentes quienes, aunque seguramente no podrán probar sin ninguna clase de duda un resultado negativo, podrán, y probablemente desearán constituir un montón impresionante de pruebas que demuestren que no hay nada de cierto en las observaciones. Lo astuto sería, me parece, organizar el Proyecto de tal forma que, para el público, apareciera como un estudio totalmente objetivo. Para la comunidad científica correspondería a la imagen de un grupo de incrédulos poniendo todo su esfuerzo en ser objetivos, pero considerando que la posibilidad de encontrar un platillo volante es poco menos que igual a cero. Un medio de alcanzar este fin sería orientar las investigaciones, no hacia los fenómenos físicos, sino más bien hacia las personas que realizan las observaciones: la psicología y la sociología de las personas y de los grupos de personas que afirman haber visto Ovnis. Si se insiste más en este aspecto que en la vieja cuestión de la realidad física de los platillos, creo que la comunidad científica comprenderá rápidamente qué es lo que se intenta.

Hay otra razón para actuar de esta manera. Salvo, quizás, en óptica meteorológica, no puedo imaginarme que exista una publicación sobre este tema que pueda ser aceptada por una publicación científica que goce de un cierto prestigio. Puedo creer fácilmente, sin embargo, que los psicólogos, los sociólogos y los psiquíatras podrían sacar de todo esto muchas profundas publicaciones exponiendo sus investigaciones sobre los observadores de platillos volantes.

(El resto del memorándum se compone de algunas líneas sin interés para nosotros.)

EL DESPLAZAMIENTO DE LOS OVNIS EN LÍNEA RECTA

CÓMO ESTABLECER EL VALOR DE I_0.

Cómo definir un «índice de linealidad» que posee las propiedades siguientes: 1) Variar de una manera continua en función de los datos solamente, sin la intervención de constantes arbitrarias como, por ejemplo, el ancho de un corredor geográfico. 2) Ser independiente del tamaño absoluto de la configuración que se debe estimar. 3) Permitir el cálculo de la probabilidad de obtener diferentes valores del índice en cuestión en las condiciones del azar. Si se consideran puntos repartidos en un plano, X_I e Y_e, siendo las coordenadas de la observación no Y_I, encontrar el centroide (centro de gravedad) de las observaciones, es decir, el punto en el cual el valor X es la mitad de los valores X_I. 4) Encontrar la línea que debe atravesar siempre el centroide por el cual la suma del cuadrado de las desviaciones, con relación a esta línea, es mínimo. 5) Volver a situar las X y las Y de tal manera que su origen se encuentre al nivel del centroide, la línea mejor adaptada (ver 3) formando el nuevo eje de las X. Llamamos x_I y y_I a estas nuevas coordenadas correspondientes a la observación y . De esta manera, y_I corresponde a la desviación del punto i_n. E y_I corresponde a la desviación del punto i_n por relación a la línea y la suma desde y hasta el cuadrado han sido minimizadas. El índice buscado corresponde a la ecuación:

$$F = \frac{(N\text{-}2)\ \Sigma\ x^2}{(N\text{-}1)\ \Sigma\ y^2}$$

La serie de los puntos cuya «linealidad» es buena, dará valores elevados de F. La serie de los puntos aleatorios dará para F valores próximos a la unidad. Midiendo x_I e y_I en radios, podemos definir F cuando las observaciones están hechas sobre la superficie de una esfera.

Saunders señala que F cumple tres exigencias: es una simple relación sin constantes arbitrarias y suministra resultados graduados para todos los N más grandes que 2. Si N es más pequeña que 3, F corresponde a la relación $\frac{0}{0}$ que evidentemente no nos interesa.

F tiene también la forma de una relación de variedad para unos grados de libertad netamente especificados. Los valores de F que se pueden esperar en un muestrario al azar, son fáciles de encontrar en las tablas bien conocidas de los estadísticos. Es preciso simplemente partir de una muestra de observaciones al azar distribuidas normalmente, con una correlación igual a 0 entre las X y las Y.

Ensayemos ahora calcular F para BAVIC. El resultado dependerá de los valores precisos de las coordenadas x_I e y_I que dependen a su vez de la manera como se les ha determinado. Se pueden considerar tres casos. En el primero, Saunders ha utilizado las coordenadas disponibles en el *Times of London World Atlas* (TOLA). Son bastante imprecisas porque no están más que cerca del minuto, pero libres evidentemente de toda presuposición favorable o desfavorable a la hipótesis de la ortotenia. En el segundo caso, Saunders utiliza las coordenadas publicadas por Vallée. En el tercero, las coordenadas son las de un mapa Michelin a gran escala.

Los cálculos han sido efectuados con una computadora, de acuerdo con el programa Fortran. Menzel ha criticado los cálculos de Vallée que ha utilizado los grandes círculos de los cuadrados menores, pero la solución que él propone puede ser sometida a las mismas críticas. Este investigador calcula los errores desplazándose al norte o al sur de un punto determinado hacia el círculo. Sin embargo, aun si la configuración de los puntos observados permanece constante, la exactitud de la adaptación aparente *(goodness of fit)* se hace cada vez menos buena a medida que la inclinación del círculo aumenta. Cuando la misma se aproxima a los 90°, los coeficientes del círculo se hacen inestables y, en el límite de los 90°, son matemáticamente indeterminados.

Sin embargo, se pueden resolver fácilmente estos problemas una vez que han sido señalados. Los errores indicados en las tablas adjuntas (1) están dados en kilómetros y medidos desde el punto considerado hasta la línea BAVIC. Se puede interpretar el signo de los errores advirtiendo que el signo + corresponde al punto del mismo lado del gran círculo que el polo Norte.

La definición más conveniente del gran círculo de los menores cuadrados se obtiene estableciendo las coordenadas de los dos polos. Las distancias desde un punto al círculo se calculan sustrayendo de 90° la distancia desde el punto al polo. Los polos pueden ser utilizados asimismo como datos en los análisis subsiguientes. Se dan en las tablas las posiciones de los dos polos de Bavic.

Cuando una buena combinación de puntos ha sido reducida a F, la F puede encontrarse fuera de las tablas. En razón de la débil probabilidad de la cosa, el programa expresa entonces el resultado en bits de información, y, entonces, es la I_0 lo que entonces obtenemos.

LA DETERMINACIÓN DE I_e.

Es más fácil que la de I_0. Se puede mostrar que, si el factor aleatorio es predominante y si repetimos *k* veces una experiencia, el nivel medio de probabilidad asociado al resultado más extremo será:

$$p_e = \frac{1}{k + 1}$$

de donde la transformación: $I = \log_2 \frac{(1 - p)}{p}$ e $\boxed{I_e = \log k}$

En el problema actual, *k* corresponde al número de veces en las que habríamos podido seleccionar seis puntos el 24 de setiembre de 1954 de acuerdo con los datos disponibles en Francia aquel día. Más numerosas son estas observaciones, y más grande podrá ser I_e. El número máximo de observaciones admisibles aquel día llegó hasta 15. Entonces, $k = C$ (15-6) = 5 005, e $I_e = 12{,}29$ bits. Esta cifra será utilizada para los casos n.° 2 y n.° 3. Para los casos n.° 1, 4 de estas localidades, de los cuales 1 pertenece a Bavic, no figuran en el mapa inglés (TOLA). Por lo tanto, $k = C$ (11-5) = 462, e I_e igual = 8,85 bits.

CÓMO INTERPRETAR $I_0 - I_e$

Considerando el caso n.° 1, se comprueba que la diferencia $I_0 - I_e$ corresponde a más de 17 bits, lo cual es un valor notable. Significa, en efecto, que necesitaríamos, para obtener solamente una probabilidad del 50 por ciento, alinear sobre BAVIC 6 puntos o más, repetir 100.000 veces la operación siguiente: elegir al azar once localidades de

(1) Ver página 232.

una distribución normal bivariada con cero correlación y aislar la mejor línea de cinco puntos que se pueda encontrar.

En el lenguaje de la informática, la prueba corresponde a una información infinita. Ya que los experimentos son de número finito, una prueba empírica es en general imposible de obtener. En la práctica, y por las necesidades habituales de la investigación, 5 ó 10 bits de información son suficientes para hacernos rechazar la hipótesis del azar a favor de otra explicación. Es en este momento que el juicio del experimentador puede parecer un poco subjetivo. ¡Pero en el caso que nos ocupa, 17 bits son realmente más bits que los que hacen falta! Por lo tanto, BAVIC no puede ser explicada por el azar.

De acuerdo con esto, los casos 2 y 3 deberían dar mejores resultados aún, ya que todas las localidades figuran allí, mientras que faltan en TOLA. Por el contrario, si los resultados no son mejores es un hecho grave. Significa que BAVIC es un fenómeno aleatorio ya que los datos más precisos tienen tantas oportunidades de aumentar como de disminuir de linealidad. Pues bien, para el caso n.º 2 tenemos 19 bits y para el n.º 3, 24 bits. La diferencia de 5 bits, cuando uno pasa de 1 a 3 puede interpretarse como una prueba más de que BAVIC no es un fenómeno debido al azar.

Las conclusiones de Saunders

Una primera aclaración concierne al número real de las observaciones en un día dado. Conocemos 15, pero lo mismo si hubiera 30, y si ninguno de esos puntos cayera sobre la línea BAVIC, esto no daría a I_e más que 6,89 bits, por lo menos en lo que concierne a los casos 2 y 3, y las conclusiones permanecerían inmutables.

En lo que tiene que ver con la oleada de 1954, el 24 de setiembre no era más que un día entre otros, y se podría argumentar que se le eligió porque sus resultados son menos notorios que los de otros días, lo cual nos da un margen de 16 a 32, fechas que podrían ser sometidas a análisis, y haría falta aumentar I_e de 4 a 5 bits para cada caso. Esto reduce el intervalo de confianza, pero deja subsistir las conclusiones. Sin embargo, es necesario destacar que también hay, de hecho, alineaciones notables los otros días, aunque no se les haya sometido a análisis. Por lo tanto, desde todo punto de vista, nuestra I_e debería disminuir en vez de aumentar.

Además, asociar BAVIC con una fecha determinada en el tiempo puede ser un error. Se trata de un fenómeno espacial y no temporal como la linealidad: aunque valdría considerar las 500 observaciones del año 1954, puesto que eso reduciría seguramente nuestras conclusiones a cero. En realidad, hay actualmente otros puntos que caen sobre BAVIC y que no son simplemente seis, y el análisis podría ser mucho más mejorado en este caso.

Otros han objetado que la distribución de las observaciones de Ovnis en Francia no corresponden en absoluto a una distribución bivariada normal, ni, por otra parte, a sea cual sea algún otro modelo matemático. De todos modos, la especificación exacta de una distribución no tiene otra importancia que la de si quisiéramos determinar I_0 con absoluta exactitud. Incluso considerando que nuestra suposición de una distribución bivariada normal no fuera más que aproximadamente verídica, nuestra estimación de I_0 no habría superado por mucho a I_e, y, por lo tanto, no habría que tomar ninguna conclusión. Pero hay que decir una vez más que la supera enormemente. Agreguemos también que BAVIC no corresponde a ningún fenómeno geográfico natural o artificial, como pueden ser una gran carretera, una cadena montañosa, etcétera. Por lo tanto, BAVIC es un fenómeno realmente notable. ¿Que no nos permite sacar ningún tipo de conclusión respecto a los Ovnis? Estoy de acuerdo y desde el principio me he puesto como prohibición sacar cualquier conclusión en este libro.

Salvo una sola. En éste, como en tantos otros casos, está pasando algo. Hace falta cerrar los ojos para no verlo.

TABLA I

GRAN CIRCULO DE LOS CUADRADOS MENORES SEGUN MENZEL: COORDENADAS TOLA

N = 5

						Error
1	Tola	Bayona	RF64	1,28	43,30	1.542
1	Tola	Lencouacq	RF40	0,23	44,05	—1,705
1	Tola	Tulle	RF19	— 1,46	45,16	—,090
1	Tola	Ussel	RF19	— 2,18	45,32	—,897
1	Tola	Vichy	RF03	— 3,25	46,07	1,153

42,01455 = nodo — Error RMS = 1,573
—55,57047 = inclinación — Longitud RMS = 198,116
132,01455 34.42953 = polo N — Relación de variancia = 15856,943
—47,98545 34.42953 = polo S — Nivel de información = 26,093

TABLA II

GRAN CIRCULO DE LOS CUADRADOS MENORES SEGUN MENZEL: COORDENADAS DE VALLEE

N = 6

								Error
1V1A139M	5409241500	Bayona	RF64	1,474	43,491	7 3 5		—,029
1V1A141M	5409242100	Lencouacq	RF40	0,408	44,102	1 1		,287
1V1A143M	5409242300	Tulle	RF19	— 2,309	45,200	1 1 2	"	—,163
1V1A142M	5409242200	Ussel	RF19	— 2,765	45,547	3 1		—,187
1V1A372M	5410181730	Gelles	RF63	— 2,765	45,771	1 1 1	"	—,744
1V1A140M	5409241500	Vichy	RF03	— 3,433	46,119	7 1 1		,837

42,18454 = nodo — Error RMS = ,591
—55,49056 = inclinación — Longitud RMS = 189,755
132,18454 34.50944 = polo N — Relación de variancia = 102953,475
—47,81546 — 34.50944 = polo S — Nivel de información = 30,000

TABLA III

GRAN CIRCULO DE LOS CUADRADOS MENORES
COORDENADAS MICHELIN

N = 6

												Error
1M2	096	540924 A	Bayona	RF64	4,24	M	48,32	M	3+1		H	—,082
1M2	095	540924 S	Lencouacq	RF40	3,05	M	49,00		1	1	L	,183
1M2	094	5409242300	Tulle	RF19	0,64	M	50,29		1	1		—,284
1M2	093	54092423	Ussel	RF19	0,03	M	50,61		3	1	HT	,305
1M2	092	540924 N	Gelles	RF63	-0,48	M	50,86+2		1		G	—,251
1M2	091	540924 A	Vichy	RF03	-1,22	M	51,23	M	1			,130

42,24673 = nodo
—55,45732 = inclinación
132,24673 34,54268 = polo N
—47,75327 — 34,54268 = polo S

Error RMS = ,271
Longitud RMS = 189,915
Relación de variancia = 491814,380
Nivel de información = 30,000

DOS HISTORIAS EXTRAÑAS

BOSCOVICH, SABIO Y VISIONARIO

Les haré a ustedes la gracia de pasar por alto las mil y una teorías existentes sobre el genio, sobre lo que es o que no es, y por una buena razón. Sin duda es un error hablar del genio en singular. No hay más que hombres de genio (¡nadie habla de mujeres de genio!) y, desde luego, bastante diferentes unos de otros.

En ciertos casos, el genio puede no ser otra cosa que una forma exaltada de la «creatividad», esa curiosa facultad que los americanos han empezado a estudiar cada vez con mayor precisión. ¿Acaso no han fabricado, para medirla, toda una serie de «tests» que no tienen nada que ver con los «tests» de inteligencia (1)?

Pero en otros casos, el genio se ve acompañado por verdaderas cualidades de visionario. La previsión del futuro puede ser extraordinaria en Julio Verne, a quien no se le podría negar cierta clase de genialidad, tanto más cuanto que las previsiones de los futurólogos son, en la mayoría de los casos, de una falsedad irritante. Saludemos a las excepciones.

En otros casos aún, el problema es más extraño. ¿Cómo llamar la facultad que permite a ciertas personas demostrar unos conocimientos que no podían poseer en la época en que vivieron? ¿Hablaremos de una sabiduría oculta y antigua de la cual estas personas pudieron haber encontrado algunos vestigios? Esto no es obligatoriamente absurdo, como acabamos de ver en el problema que plantean los antiguos mapas y portulanos estudiados por Hapgood. ¿Pero qué decir cuando al mismo tiempo el autor

(1) Como el famoso «test del ladrillo»: ¿Qué se puede hacer con un ladrillo? Algunos obtienen una veintena de respuestas distintas: montarse encima, reducirlo a polvo para hacer pintura roja, cortarlo en láminas para hacer un enladrillado, etc.

es un sabio respetado, oficial, universalmente conocido, que enuncia unas proposiciones sorprendentes como si fueran por sí solas, sin citar sus fuentes.

EL PERSONAJE

En el caso de Boscovich. Tiene los honores de la *Encyclopaedia Britannica,* cuya seriedad un poco lúgubre conoce todo el mundo. Esto ya es una consagración. Según la página 982 del tomo 3 (edición de 1964), Ruggiero Giuseppe Boscovich nació en Ragusa (Dubrovnik), en Dalmacia, el 18 de mayo de 1711. Entró en la Compañía de Jesús en 1726, estudió Matemáticas y Física en el Collegium Romanum del cual fue nombrado profesor de Matemáticas en 1740. Su actividad fue considerable, pues se interesó por la Óptica, por la Astronomia, por la gravedad (terreno en el cual fue indudablemente el primer europeo que salió en defensa de las ideas de Newton), por la Meteorología, por la Geodesia, etc. En 1750 midió un arco de meridiano entre Roma y Rímini, ayudado por un jesuita inglés, Maire, para demostrar su teoría según la cual la Tierra no era un elipsoide de revolución. A causa de la supresión de los jesuitas en Italia, en 1740, aceptó una invitación del rey de Francia y se convirtió en director de Óptica para la Marina. Murió en Milán en 1787.

Era un hombre de gran talla, con unos ojos soñadores y penetrantes. Su carácter era amable aunque violento y manejaba milagrosamente el epigrama latino, lo que le ganó un gran aprecio por parte del Papa. Se le consultaba sobre todo, fuera lo que fuera (tanto para reparar la cúpula de San Pedro como para impedir la erosión de los ríos). Manifestó también —cosa rara entre los sabios— una pronunciada inclinación por la vida mundana y le gustaba bastante brillar en los salones romanos y parisienses.

En París se hizo amigo de varios filósofos, que lo apreciaban notoriamente. El único defecto de estos filósofos, según decía Boscovich con humor, era que no parecían querer a los jesuitas. Los filósofos y los sabios le brindaban su estima y, al parecer, existe un cierto teorema de D'Alembert que en realidad debería llamarse teorema de Boscovich... si los sabios fueran siempre tan cuidadosos de las prioridades y de la honestidad como pretenden ser.

Se ha hablado mucho de Boscovich estos últimos años y se seguirá hablando de él. Incluso se han celebrado coloquios sobre el sabio jesuita y parece que los rusos están trabajando en la edición de toda su obra, que es muy considerable. Pero fue un pasaje de la revista *Planète* lo que llamó mi atención (1). El redactor señalaba muchas cosas que a mí me interesaba comprobar. Pero ¿dónde encontrar las obras de Boscovich?

EN LAS OBRAS DE BOSCOVICH

El bibliotecario de los jesuitas, en Chantilly, se obligó a hurgar en sus archivos y encontrar un ejemplar de la *Theoria philosophiae naturalis*, de 1763, tal vez el único que existe en Francia. Se trata de un pequeño libro de alrededor de trescientas páginas que parece haber viajado bastante, puesto que lleva no sólo el sello de la biblioteca de Chantilly, sino también el de la Embajada de Inglaterra.

Lo leí como si fuera una novela. Nunca había leído una cosa tan increíble. Es necesario que diga a ustedes que en el transcurso de mi juventud bastante poco estudiosa me fue inculcada una cantidad inverosímil de latín y que aún sigo leyéndolo correctamente. Era verdaderamente la primera vez que esa aptitud tan poco difundida me servía para algo. Naturalmente, siendo Boscovich un físico y un matemático, dos cosas que yo no soy, me hice ayudar por un amigo, un importante físico teórico que calificó de asombrosas aquellas «premoniciones», aunque haciendo notar a veces la existencia de curiosos errores, a la medida de la ciencia de su época. Veamos de qué se trata, pero permítanme ustedes que empiece por lo más raro. Esto se encuentra al prin-

(1) Ver Bergier (J.): «Un mutante en el siglo XVIII: Roger Boscovich», en Planète, n.º 17, julio-agosto de 1964, páginas 30-43.

cipio del libro, en toda una serie de proposiciones numeradas que se presentan como evidencias sin pruebas de ninguna clase.

LAS COLAS DE LOS COMETAS

Ex Physica XXIV:

...Las colas de los cometas no son otra cosa que exhalaciones excitadas por la acción del Sol y expulsadas fuera de su atmósfera en la parte opuesta al Sol. «(Caudae cometarum... non aliud videntur esse quam exhalationes actione solis excitatae et in aversam a sole partem ab ejusdem atmosphaera propulsae.)»

> tiginis terrae, dierum, noctiumque viciſſitudines, variaque longitudo, ac tempeſtates per terreſtris axis paralleliſmum, et inclinationem ad planum eclipticae legitime explicantur.
> XXIV. Cometas in numero planetarum habendos eſſe, oſtendunt regulares eorundem orbitae; caudae cometarum, ſeu barbae, et crines non aliud videntur eſſe, quam exhalationes actione ſolis excitatae, et in auerſam a ſole partem ab eiusdem atmoſphaera propulſae.

La «proposición» en la que Boscovich habla de la cola de los cometas.

Ahora bien, todo esto se sabe, pero después de los comienzos del siglo XX solamente. Les recuerdo que la obra de Boscovich es de 1763.

EL RAYO Y SU ORIGEN

Ex Physica XXXIV:

Las tormentas de rayos pueden ser atribuidas a la electricidad de la tierra y de las nubes, sea por exceso o por carencia de (partículas eléctricas). «(Tempestates fulmineae potissimum electricitati terrae et nubium sive per excesum sive per defectum electricarum adscribi possent.)»

¡La misma notación que para las colas de los cometas!

¿LA INTUICIÓN DE LA RELATIVIDAD?

Supl. II. *De spatio ac tempore ut a nobis cognoscuntur*

No nos es posible conocer las localizaciones (modos existendi locales), las distancias, o las magnitudes absolutas. No podemos conocer el movimiento que nos arrastra al mismo tiempo que al mundo, ni sus aumentos ni sus disminuciones que no producen ningún cambio en nuestras ideas. Lo que decimos del espacio, también podemos sin ninguna dificultad afirmarlo del tiempo. El vulgar no cree que se pueda transferir una medida local del tiempo a otro momento del mismo tiempo. Comprende perfectamente que es otra (medida), pero la supone igual a causa de un movimiento (medida de tiempo) supuesto igual. Ahora bien, no es posible separar del lugar en que ha sido tomada una medida de longitud y una medida de tiempo y transferirlas a otro lugar con el fin de comparar las dos por medio de una tercera.

liſimus mutetur.

24. Quæ de ſpatii menſura diximus, haud difficulter ad tempus transſerentur, in quo itidem nullam habemus certam, & conſtantem menſuram. Deſumimus a motu illam, quam poſſumus, ſed nullum habemus motum prorſus æquabilem. Multa, quæ huc pertinent, & quæ ad idearum ipſarum naturam, & ſucceſſionem ſpectant, diximus in notis. Unum hic addo, in menſura temporis, ne vulgus quidem cenſere ab uno tempore ad aliud tempus eandem temporis menſuram transferri. Videt aliam eſſe, ſed æqualem ſupponit ob motum ſuppoſitum æqualem. In menſura locali æque in mea ſententia, ac in menſura temporaria impoſſibile eſt certam longitudinem, ut certam durationem e ſua ſede abducere in alterius ſedem, ut binorum comparatio habeatur per tertium. Utro-

La intuición de la relatividad.

EL DETERMINISMO ANTES DE LOS DETERMINISTAS

Si excluyo los movimientos libres [...], *conociendo el número de puntos materiales, y para cada punto el lugar que ocupa en un momento determinado de tiempo, así como la dirección y la velocidad del movimiento inicial* [...] *y conociendo la ley de fuerzas expresada por una curva continua, hallar las trayectorias de los puntos, o las líneas por las cuales se desplaza cada punto.*

[Este problema excede a las fuerzas del cálculo, pero] todo geómetra verá que el problema está perfectamente determinado y que las curvas continuas no tienen hiatos, desde el momento en que no hay ningún fallo en la ley de fuerzas [...]. Si un espíritu tuviera la fuerza suficiente (y este espíritu podría ser finito, puesto que es finito el número de puntos), podría prever todos los movimientos futuros necesarios y predecirlos.

LOS SIGNOS DACTILOGRÁFICOS, ANTES DE BOREL

Si todas las letras que forman un poema de Virgilio son echadas en un saco y si luego se las extrae para irlas colocando una junto a otra y si se repite esta operación hasta el infinito, podrá comprobarse al término de un número determinado de veces la combinación correspondiente al poema de Virgilio.

Pars. III. Aplicaciones a la Física. Uno de los capítulos más interesantes

El autor plantea el problema de unas bolas de hierro que caen rodando a lo largo de un plano en el que hay unos imanes. Si no caen con la suficiente rapidez serán atraídas por los imanes, pero si caen de prisa serán frenadas y atraerán a los imanes hacia ellas. Si caen demasiado rápidas las bolas pasarán sin tropiezo a lo largo del plano. Porque, según Boscovich «si la velocidad alcanza magnitudes inmensas [...] las fuerzas de cohesión dejan de ser lo bastante fuertes». «Nos sería posible pasar a través de las puertas cerradas y volar a través de los muros más duros sin encontrar ningún obstáculo... siempre y cuando pudiéramos obtener una velocidad suficiente.»

Todo esto tiene un sonido curiosamente moderno, por más que Boscovich emplea un lenguaje que un físico moderno consideraría muy poco riguroso. En efecto, para que un corpúsculo pase a través de un sólido, lo que está en juego es un problema de longitud de onda asociada y, por lo tanto, de velocidad, aunque no necesariamente de gran velocidad.

¿CÓMO VEÍA BOSCOVICH EL MUNDO?

Su teoría es muy difícil de comprender, por lo menos a la sola luz de *Theoria philosophiae naturalis*, la única obra suya un poco extensa que yo he tenido en mis manos. El Universo está compuesto por puntos que no son átomos, sino ciertos elementos subatómicos, si no he entendido mal. Pero lo que confiere la existencia es la conjunción de un punto de materia, de un punto de espacio y de un punto de tiempo, una teoría a todas luces singular. Algunos pensaron en los «cronons», en los granos de tiempo de los que hablan ciertos osados físicos. Pero dejemos la palabra a Boscovich.

LOS GRANOS DE TIEMPO

Admito, pues, en cuanto a puntos materiales (lo que digo podría fácilmente transferirse incluso a cosas inmateriales), los dos modos reales de existencia que ocupan los unos en un sitio y los otros en el tiempo y a los cuales se aplican los calificativos de locales o de temporales [...] A mi juicio, esos modos reales de existencia son los del tiempo real y del espacio real.

En mi opinión, esos modos reales empiezan, acaban, son indivisibles, no tienen extensión y son inmóviles e inmutables según su orden. Nos ofrecen el fundamento de las relaciones reales de la existencia, sean locales entre dos puntos o sean temporales entre dos acontecimientos. Los modos que están ordenados en relación al medio son los que yo llamo puntos de espacio reales. *Cuando están ordenados con relación al tiempo los llamo* momentos. *Cada uno carece de ciertas propiedades. El último carece de extensión y el primero de duración y los dos carecen de divisibilidad.*

LA EXISTENCIA. CONJUNCIÓN DE UN PUNTO DE MATERIA, DE UN PUNTO DE ESPACIO Y DE UN MOMENTO DE TIEMPO

Pero consideremos las diversas conjunciones de los puntos de espacio y de los momentos. Desde el momento en que existe, cada punto de materia se conjuga con un punto de espacio y con un momento de tiempo. Puesto que es muy necesario que exista alguna parte y en un momento determinado, y si existe aislado, de todos modos tiene su modo de existencia, temporal y espacial [...] *Pero puede haber un orden de cosas diferente al nuestro con el cual, por ejemplo, no tengamos ningún tipo de relación de distancia* [...] *o de tiempo. El espíritu se violenta por el mero hecho de concebirlo y a duras penas puede admitirlo:* 1) *Si, en primer lugar, el mismo punto material está en conjunción con el mismo punto de espacio y ambos en conjunción a su vez con muchos momentos de tiempo separados por algún intervalo, se producirá una regresión en el mismo lugar;* 2) *si dicho punto está en conjunción con una serie continua de momentos de un tiempo continuo, existirá el reposo que exige un lapso de tiempo continuo en el mismo lugar;* 3) *si el mismo punto material está conjugado con el mismo momento de tiempo, pero a la vez con muchos puntos de espacio separados por una cierta distancia, tendremos réplicas del punto* (replicatio); 4) *si se conjuga con una serie continua de espacios separados, obtendremos eso que admiten ciertos peripatéticos y que llaman extensión virtual, por la cual una partícula de materia indivisible ocupa un espacio divisible;* 5) *pero también hay otras cuatro combinaciones en las que están impli-*

cados muchos puntos de materia. Si el mismo momento de tiempo se conjuga con muchos puntos de espacio, se obtiene la coexistencia; 6) si el mismo punto de espacio se conjuga con muchos momentos de tiempo, se obtiene lo que resultará de diferentes contactos sucesivos de puntos de materia con el mismo sitio; 7) si el mismo punto de tiempo se conjuga con el mismo punto de espacio, esto se llama compenetración, y 8) si un punto de espacio y un punto de tiempo no tienen nada en común, es que ambos no coexisten y no ocupan el mismo lugar, que ha sido ocupado por otros en otro momento.

En todos esos casos posibles, el 3 corresponde al 1, el 4 al 2, el 6 al 5 y el 8 al 7. El caso 3 (la replicatio*) no parece poder existir en la Naturaleza. El 4 corresponde, según muchos, al alma racional que se supone se encuentra en algún espacio divisible, en todo el cuerpo para los peripatéticos, para otros filósofos en una cierta región del cerebro o en algún humor producido por los nervios [Boscovich demuestra, en otra parte, que nuestros métodos son incapaces de localizar el alma]. Como el alma es indivisible, debería encontrarse en todo el espacio como la Divina Naturaleza, también indivisible y toda en el espacio y en cada porción del espacio, presente allí donde se la necesita, coexistente con los lugares reales de todas las criaturas...*

EL UNIVERSO, ATOMO GIGANTE

Podría ser que el Sol y todas las estrellas fijas no fueran más que una sola partícula de un orden superior [...] y que pertenezcan a un sistema más inmenso aún; y podría ser que existieran muchas partículas de ese mismo orden [...], aunque separadas unas de otras y sin ninguna posibilidad de unirse, por el efecto de los arcos asintóticos (repulsiones que aumentan hacia el infinito cuando disminuye la distancia).

LOS DIVERSOS TIPOS DE PARTICULAS

La primera diferencia [...] puede proceder del número de puntos que forma la partícula [...] Después, su volumen puede ser diferente, lo mismo que su densidad [...]. Luego, los puntos pue-

den estar dispuestos en esfera, en pirámide, en cuadrado, en triángulo, etc.

LA TEORÍA DE BOSCOVICH

...Una materia está formada por puntos simples, indivisibles, inextensos, distantes los unos de los otros. Estos puntos tienen una cierta fuerza de inercia y también una cierta fuerza propia (vis) *que depende de su distancia, aunque, conociéndose la distancia, se conoce también la magnitud y la dirección de dicha fuerza. Y si cambia la distancia, esta fuerza también cambia. Si la distancia se aumenta, la fuerza disminuye, se desvanece y se transforma en atractiva; después decrece, se desvanece y vuelve a transformarse en repulsiva, y sigue así muchas veces...* (1).

He aquí, tal vez, la figura principal de la totalidad de la obra, la que parece resumir toda la tesis. (Véase figura 18, fuera de texto.)

Habrá sorprendido una y otra vez la audacia de las hipótesis y su acento a veces ultramoderno. Ahora bien, si me he extendido demasiado sobre el caso de Boscovich se debe a que sé que él no está solo. En los trabajos de autores olvidados o en los manuscritos de la Edad Media se encuentran también previsiones sorprendentes que no pueden deducirse de la ciencia de aquellos tiempos. Pero ¿quién se atreverá a progresar en ese continente aún desconocido frecuentado por sabios visionarios?

(1) Cf. Boscovich: *Synopsis totius operis,* 7.

LA MÁQUINA DE ORFFYREUS

¿Y si ahora, para continuar con nuestro inventario de hechos inexplicables o revolucionarios, habláramos de la máquina de Orffyreus? También con esto ocurrió algo extraño, imposible de comprender, tal vez. La hipótesis del fraude puede sostenerse, pues hay algunas posibilidades de que sea auténtica. O también es posible que se haya producido un fenómeno inesperado que no se podrá comprender más que acercándolo a otros fenómenos similares.

En el centro de la historia se encuentra Johann Ernest Elias Bessler, nacido en Zittau en Sajonia en 1680. Se entretuvo escribiendo el alfabeto en un círculo para escoger las letras diametralmente opuestas a las que formaban el apellido Bessler, lo cual dio como resultado la palabra Orffyreus... y sitúa también al personaje. Orffyreus estudió Teología, Medicina, Pintura y Mecánica y se interesó por el movimiento continuo. Y empezó a construir ruedas de diferentes diámetros, primero pequeñas, luego más grandes. Su última máquina medía cuatro metros de diámetro y tenía un espesor de 35 centímetros poco más o menos.

Y estas máquinas giraban velozmente mucho tiempo (dos meses seguidos, por ejemplo) sin que se pudiera encontrar la más pequeña fuente de energía exterior estando evidentemente excluida la posibilidad del movimiento perpetuo.

He aquí toda la historia, tal como se encuentra en gran parte en la famosa publicación de Leipzig, los *Acta Eruditorum*, de 1717.

DESCRIPCIÓN DE LA MÁQUINA

Fue alrededor de 1712 cuando se oyó hablar de Orffyreus y de sus ruedas, las cuales, por otra parte, él enseñaba con toda libertad a todo aquel que quisiera verlas funcionar, aunque siempre ocultando el mecanismo detrás de unos paneles de tela encerada. La primera de estas ruedas, o una de las primeras, fue exhibida en Gera, en la provincia de Reuss. No medía más que 30 centímetros de diámetro, aproximadamente, y tenía un espesor de 10 centímetros. Se ponía en marcha a mano y aumentaba gradualmente de velocidad hasta alcanzar un cierto límite (este aumento caracterizó todas las ruedas de Orffyreus y sorprendió mucho a sus contemporáneos). La primera rueda podía levantar un peso de algunas libras por medio de una cuerda arrollada a su eje. Sin embargo, este hecho producía el efecto de ir frenándola, por lo que la energía desplazada no debía de ser muy considerable.

Decir que la rueda convenció a todo el mundo de la existencia, al fin demostrada, del movimiento continuo, sería ir muy lejos. Por el contrario, Orffyreus fue el blanco de infinidad de ataques, de los cuales el principal era el de que «había un truco», por supuesto, y el segundo, más extravagante, el que decía que de todos modos no se trataba más que de un modelo reducido, incapaz de llevar a cabo ningún trabajo efectivo, y que la máquina, si se la hiciera de verdadera magnitud, no podría funcionar nunca. No llego a comprender la segunda objeción, pues si un modelo reducido del movimiento perpetuo funcionara verdaderamente, aunque fuera un modelo pequeño, algo sería, de todos modos, lo que se habría conseguido.

Lo cierto es que Orffyreus respondió más o menos bien a sus enemigos, cada vez más numerosos, y se vio obligado, finalmente, a abandonar Gera precipitadamente para refugiarse en Draschwitz, cerca de Leipzig. Allí construyó una segunda rueda de un metro y medio de diámetro y de quince centímetros de espesor. Esta rueda giraba notablemente acelerando hasta 50 vueltas por minuto y levantando pesos de 40 libras. Posteriormente Orffyreus abandonó Draschwitz para trasladarse a Merseburg, donde construyó una tercera rueda enorme, de dos metros de diámetro y 33 centímetros de espesor, que giraba siempre y que llegó a levantar pesos de 70 libras. Pero, también me atrevo a decirlo, nunca consiguió la aprobación de sus enemigos, que seguían pretendiendo que se trataba de un truco. Algunos incluso dijeron que ellos podrían construir también una máquina de movimiento continuo (¡pero no lo hicieron!). Los asuntos de Orffyreus se le complicaron en Merseburg y partió para el Estado de Hesse-Kassel, donde, ahora sí, pudo gozar de la protección del landgrave Karl de Hesse, consumado matemático, al cual las ruedas de Orffyreus parecían divertir. Nombró a Orffyreus consejero y lo alojó en el castillo ducal de Weissenstein, cerca de Kassel. Entonces fue construida la última rueda, de cuatro metros de diámetro por 35 centímetros de espesor.

El célebre físico holandés 's Gravesande (1), de Leiden, que la vio, la describió como una especie de tambor hueco muy ligero formado por unas traviesas de madera cubiertas tan sólo por una tela opaca. La máquina está montada sobre un eje de 15 centímetros de diámetro, de madera, terminado en dos ejes de hierro de unos dos centímetros aproximadamente: es sobre estos ejes donde reposa la rueda. Al ser puesta en movimiento, la rueda aceleraba unas dos o tres vueltas llegando a alcanzar las 25 ó 26 vueltas por minuto. Era necesario emplear mucha fuerza para detenerla y su potencia era tanta que «arrancaría a un hombre del suelo». La máquina es silenciosa, salvo que «se oye, a cada vuelta, la caída de unas ocho pesas, aproximadamente, que descienden dulcemente del lado donde gira la rueda (?)».

En esta ocasión todo el mundo está, no diré que convencido, pero sí fuertemente intrigado. El barón Fischer, arquitecto del emperador de Austria, enlaza la rueda, mediante una correa, a un tornillo de Arquímedes, que se pone a funcionar vertiendo agua, lo cual no frena la velocidad de la máquina más que en una débil medida. Por lo tanto, la máquina puede realizar un trabajo efectivo. Numerosos físicos y mecánicos de gran prestigio examinan lo que se puede ver del aparato (puesto que el mecanismo

(1) Jacob's Gravesande (Bois-le-Duc, 1688, Leiden, 1742), matemático, físico y filósofo holandés. Fue profesor de la Universidad de Leiden. Se ocupaba, sobre todo, de óptica.

siempre está oculto) y comprueban que por el lado de los ejes metálicos no hay ninguna posibilidad de fraude. Estos ejes giran libremente en sus abrazaderas y no hay ni engranaje ni correa que pueda impulsarlos desde el exterior.

Por lo tanto, se decide llevar a cabo un examen controlado y oficial. El 31 de octubre de 1717, Orffyreus es requerido para que traslade su rueda a otra pieza del castillo de Weissenstein, lejos de toda pared, de manera que se pueda circular libremente a su alrededor. El 12 de noviembre, el landgrave, con algunos miembros de su séquito, va a ver la rueda, comprueba que giraba rápidamente, hace cerrar puertas y ventanas y todos los accesos posibles y lo sella todo con su propio sello. Se coloca un guardia en la puerta, igualmente sellada, y se levanta acta de todas estas precauciones comunicándosela a Orffyreus. El 26 de noviembre se rompen los sellos de la puerta, se abre y se comprueba que la máquina sigue girando. Vuelve a cerrarse la puerta y es sellada de nuevo. El 4 de enero de 1718 se comprueba que los sellos siguen intactos y se abre otra vez la puerta: la máquina sigue funcionando con toda regularidad. Se levanta una nueva acta y se le comunica a Orffyreus.

Parece más que probable que entonces Orffyreus intentó vender su máquina en Inglaterra, pero las conversaciones al respecto no tuvieron ningún resultado. Más aún, teniendo en cuenta que, poco tiempo después, Orffyreus destruye su máquina en un arranque de cólera, en respuesta, según dice, «a la impertinente curiosidad del señor 's Gravesande», lo cual es un acto de pura locura, porque unos días después el propio 's Gravesande dirige una carta al landgrave asegurando que la máquina se mueve por sí misma, sin que hubiera ninguna posibilidad de fraude. Después de todo eso, la historia se oscurece. Parece que en 1727 Orffyreus se dedicó a reconstruir su máquina, pero no se conocen detalles respecto a si la enseñó a otras personas, como tampoco hay informes respecto a si verdaderamente la reconstruyó. Orffyreus murió en noviembre de 1745.

EL CARÁCTER DE ORFFYREUS

Antes de emprender una discusión sobre lo que realmente pudo ocurrir, hagamos notar desde el principio una apreciación unánime de los contemporáneos de Orffyreus. Estaba completamente loco, nadie discute ese punto, de esa especie de locos furiosos que injurian a la gente y que se ganan enemigos por todas partes. A partir de este hecho, las opiniones no coinciden. Algunos juran que es imposible que un desequilibrado como Orffyreus haya encontrado un secreto que tantos grandes genios han buscado en vano. Otros hacen notar que ciertas formas del genio confinan con la locura, de lo cual hay numerosos ejemplos. Yo estoy bastante de acuerdo con esta última opinión.

¿QUÉ HABÍA DENTRO DE LA MÁQUINA?

Como he dicho antes, Orffyreus se negaba obstinadamente a dejar ver el interior de su máquina, lo que debilitó considerablemente su posición, evidentemente. Sólo hizo una excepción en favor del landgrave, un buen matemático, como hemos dicho. El landgrave declaró que el mecanismo era muy sencillo y «que allí dentro no hay nada que un carpintero no hubiera podido realizar fácilmente». Por otra parte, existen unos planos, publicados por el propio Orffyreus, aunque con una restricción importante. Son totalmente incomprensibles, aunque se puede discernir una instalación de poleas, de pesas y de palancas que corresponden a la impresión de simplicidad que experimentó el landgrave.

¿QUÉ ERA LO QUE LA HACÍA GIRAR?

Es aquí donde el problema deviene espinoso. Algunos contemporáneos de Orffyreus suponían que un hombre debía estar oculto dentro, lo que en rigor sería posible respecto a la máquina más grande, pero francamente imposible respecto a las más pequeñas. ¿O había una cuerda, una correa o un sistema de transmisión cualquiera que la hacía moverse desde el exterior? Aquí ya podemos ser un poco más formales. En sus escritos y especialmente en las cartas que envió a Newton respecto a este asunto, 's Gravesande es, indiscutiblemente, formal. Había examinado con esmero el exterior de la máquina y en especial los ejes. Según él, no había ninguna posibilidad de que existiera una transmisión de energía motriz desde el exterior.

¿Un mecanismo de relojería, entonces? Sin duda, no es imposible disimular un mecanismo de relojería en el interior de la vasta máquina de Orffyreus, pero recordemos que los resortes o las pesas de la relojería pueden poner en movimiento, con una gran regularidad, un pequeño número de engranajes, pero que la energía restante, tal como se la puede medir en relación a las agujas de un reloj, es extremadamente débil, y que no cuesta nada detenerlas. Las agujas de un reloj no podrían levantar un peso de 70 libras y menos aún podrían hacer girar una rueda enorme, a veinte vueltas por minuto, durante dos meses. ¿Y cómo explicar la aceleración del movimiento tan rápidamente obtenida y notada por todos los observadores?

PERO, ¿QUÉ DECÍA ORFFYREUS DE SU MÁQUINA?

Dejando de lado el plano —¡incomprensible!— del que ya hemos hablado con anterioridad, Orffyreus escribió sobre su máquina y destaca especialmente una carta que dirigió al landgrave haciendo constar que su máquina no era un reloj y que no necesitaba que se le diera cuerda. El opúsculo de Orffyreus es un pequeño «in-octavo» en alemán y en latín, con las dos lenguas enfrentándose desde dos columnas. Dicho documento contiene numerosos datos sobre el descalabro mental del autor. Vean el título, por ejemplo: *El triunfo orfírico del movimiento continuo, dedicado, con la humilde sumisión de su autor, a todos los Embajadores, Nobles y Magistrados de todos los rangos y del mundo entero, etc.*

Esto continúa durante páginas y páginas, puesto que la mitad del libro está consagrado a las dedicatorias, la primera a Dios, la segunda al público y la tercera ¡al propio inventor! Pero pasemos a la descripción:

La parte exterior de la máquina está recubierta de tela encerada y tiene la forma de un tambor. Esta base cilíndrica tiene 12 pies renanos de diámetro y su espesor es de 15 a 18 pulgadas y el gran eje 6 pies de largo y 8 pulgadas de espesor. La rueda está en posición vertical. El movimiento es controlado por dos péndulos. La estructura interna de la máquina está en acuerdo con las leyes del movimiento continuo y dispuesta de manera que las pesas, una vez puesta la máquina en estado de rotación, cojan fuerza de su propio balanceo y continúen dicho movimiento indefinidamente mientras su estructura conserve su posición y su combinación. A diferencia de todas las otras máquinas automáticas, como los relojes, los resortes o las máquinas con poleas, que deben ser manejadas y a las que se debe dar cuerda [...], *estas pesas constituyen la parte esencial y el movimiento universal que deben ejercer mientras permanezcan fuera del centro de gravedad. Y cuando son colocadas juntas y dispuestas asimismo unas en relación a las otras de modo que no puedan recuperar el equilibrio, o el* punctum quietum, *que buscan sin cesar en su vuelo maravillosamente rápido, el uno o el otro de estos péndulos debe aplicar sus pesas al ángulo derecho del eje, que a su vez también se ve obligado a girar...*

Hay numerosas páginas de este tenor, aunque un diseño claro de la máquina hubiera servido mucho más a nuestro propósito.

De todos modos, Orffyreus dijo bastante para hacernos entender que había intentado construir una de esas innumerables ruedas que se mueven a base de pesas colocadas a lo largo del radio y que son el juguete favorito de los buscadores del movimiento continuo. Un detalle de importancia: Ninguna de esas ruedas ha girado nunca por una serie de razones físicas y matemáticas muy simples, de las cuales la principal es la existencia del rozamiento, lo que siempre olvidan los inventores. Ninguna ha girado nunca, excepto la de Orffyreus. Y recordemos, por otra parte, lo que señalaron todos los testigos. A cada vuelta escuchaban el golpe de ocho masas que caían suavemente.

TENTATIVA DE CONCLUSIÓN

En este asunto irritante no hay más que un pequeño número de puntos que se deben considerar conformes:

1) El movimiento continuo es imposible.

2) Orffyreus construyó una máquina de movimiento continuo de las más clásicas, y que, por lo tanto, no podía girar.

3) Y, sin embargo, giraba. El inventor no comprendía nada de su propia máquina y, por otra parte, según sus planos y sus diseños, tenía efectivamente todo el aire de no estar enterado en absoluto de lo que ocurría.

4) La idea de un fraude es difícil de sostener por las razones expuestas más arriba. Su máquina no aportó a Orffyreus otra cosa que porrazos, aparte, no obstante, la protección del landgrave, al cual el bueno de Orffyreus parecía divertir.

5) Es muy difícil admitir que el inventor hubiera descubierto un motor nuevo, que no podía ser otro que un motor eléctrico.

Entonces queda una sola hipótesis, casi tan difícil de admitir como las otras, y es que Orffyreus, que se parece a un monomaníaco, y no un defraudador, hacía funcionar su máquina mediante psicocinesis, sin comprender él mismo lo que hacía (cosa que suele ocurrir en estos casos). En los fenómenos de tipo poltergeist, una energía mecánica no despreciable es desplazada a menudo, y durante un tiempo prolongado (1). Y, en todos los casos, el responsable de estas perturbaciones espectaculares ignora que es él quien las ha provocado. Subrayemos que presenta con frecuencia una constitución histérica, lo que era el caso del buen Orffyreus.

Ahora bien, hay además otros ejemplos de máquinas que no debían funcionar, de aparatos que no tenían sentido y que, sin embargo, daban resultado. Pienso en la máquina de De La Warr, que su inventor, cuya buena fe es generalmente reconocida, obtuvo resultados (en el diagnóstico de enfermedades nerviosas) con la ayuda, según decía, de su máquina. Pero ¿no sería con la ayuda de una combinación de psicocinesis y clarividencia?

(1) Cf. *Science*, n.º 133, 1966, páginas 729-735.

BIBLIOGRAFÍA

ALGUNOS LIBROS SOBRE LOS PRINCIPALES TEMAS

EL «HOMO PONGOIDES»

HEUVELMANS (Bernard): *Le Grand Serpent de mer* (París, Plon, 1966).

HEUVELMANS (Bernard): *Sur la piste des bêtes ignorées* (París, Plon, 1966).

LA PARAPSICOLOGÍA

SUDRE (René): *La Parapsychologie* (París, Payot, 1950).

DUVEL (Pierre): *Nos pouvoirs inconnus* (París, Encyclopédie Planète, 1966). (Publicado también por Plaza & Janés, «Enciclopedia Horizonte», núm. 8: *Nuestras facultades desconocidas.*)

EN ANTÍTESIS DE ESTE LIBRO: *Le Crépuscule des magiciens* (Éditions rationalistes, París, 1965).

ROCARD (Y.): *Le signal du sourcier* (París, Dunod, 1962).

ROCARD (Y.): Revistas *Parapsychology Today* (editada por Citadel Press, Nueva York) y *Psychologie* (editada por C.E.P.L., París).

KOESTLER (Arthur): *Les Racines du hasard* (París, Calmann-Levy, 1972).

VELIKOVSKY

VELIKOVSKY (I.): *Les Grands Bouleversements terrestres* (París, Stock, 1955).
VELIKOVSKY (I.): *Mondes en collision* (París, Stock, 1967).
VELIKOVSKY (I.): *The Velikovsky Affair, obra colectiva* (University Books, Nueva York, 1966).

LA ASTROLOGIA

GAUQUELIN (Michel): *L'Astrologie, hier et aujourd'hui* (París, C.A.L. y Denoël, 1972).
GAUQUELIN (Michel): *Les Horloges cosmiques* (París, Denoël, 1970). (Publicado también por Plaza & Janés en su colección «Otros Mundos»: *Los relojes cósmicos.*)
GAUQUELIN (Michel): *L'Hérédité planetaire* (París, Planète, 1966).

LOS OBJETOS VOLANTES

MICHEL (Aimé): *Lueurs sur les soucoupes volantes* (París, Mame, 1954).
MICHEL (Aimé): *Montagnes héroïques* (París, Mame, 1953).
MICHEL (Aimé): *Mystérieux objets célestes* (París, Arthaud, 1958).
MICHEL (Aimé): *À propos de soucoupes volantes* (París, Planète, 1966).
VALLÉE (Jacques): *Chroniques des apparitions extra-terrestres* (París, Denoël, 1972).
VALLÉE (Jacques): *Anatomy of a phenomena* (Chicago, Regnery, 1965).
SAUNDERS (D.R.), y HARKINS (R.R.): *UFOS? Yes* («Anti-rapport Condon») (Nueva York, Signet Book, New American Library, 1968).
FULLER (J.): *The Interrupted Journey* (Nueva York, Dell Book, Dell Publishers, 1966). (Publicado también por Plaza & Janés en su colección «Otros Mundos»: *El viaje interrumpido.*)